#xtech-books

シビックテック イノベーション

行動する市民エンジニアが社会を変える

松崎 太亮 =著

「 市民活動 × デジタルテクノロジー 」

データやICTを駆使して社会イノベーションを興す
市民エンジニア=シビックテック活動最前線

はじめに

　混沌とする2017年以降の世界はどこへ行くのか。欧米諸国に顕著に見られるポピュリズム（大衆迎合主義）や移民排斥など、不寛容の動きに世界が揺れている。一方、日本では他に例を見ない少子高齢化や人口減少問題をはじめ、年々低下する地方の活力や都市への一極集中による格差拡大など、社会や地域の課題は山積している。

　かつては国や自治体などの行政機関が主体となって社会や地域の課題を解決していたが、今では財政難による小さな政府の動きや市民社会のニーズが複雑多様化し、市民の参画が不可欠となった。

　一方、IoT（Internet of Things：インターネットを通じて、モノそれぞれに組み込まれたコンピューターシステムがつながり、モノ同士が協調して機能すること）やAI（Artificial Intelligence：人工知能）等の技術が社会へ浸透する「社会のIoT化（以下、IoT社会）」が進展したことにより、これまで難しかった課題が解決できる範囲が飛躍的に拡大している。技術の進展に合わせて、人と社会との関わり方も大きく変わった。

　IoT社会は、ソーシャルメディアによる市民パワーを生み出し、シェアリングエコノミー（共有経済）を促進し、地域の解決に自らの知識や能力で貢献しようとする共創社会を形成しつつある。一方で、一部の人々や企業に富の大部分が集中する格差拡大を助長し、サイバー戦争という新たな脅威を生み出した。

　この流れの中、「課題先進国日本」において、地域の資源と人材を活かした共生社会をめざす動きが芽吹いている。その流れは市民自らの意思によるグラスルーツ（草の根）的なものであるが、その活動に深く関わっているのが、市民であり、かつITエンジニアでもあるシビックテックで

ある。

これまでITエンジニアは、地域や社会課題に企業のCSR（社会貢献）活動として関わることはあっても、当事者の1人として直接参画して解決する機会はほとんどなかった。また、自治体のITやデータの活用について、その課題を発見し改善提案する機会もほぼなかった。

しかし、地域コミュニティや自治体が抱える課題に対してシビックテックが、自分たちの技術でその答えを住民に示すことにより、解決できる可能性が見えてきた。すなわち、地域問題の解決に貢献したことが契機となって、彼らが自らの新たな可能性を見出し、地域コミュニティに積極的に関わるモチベーションを持つとともに、新たな役割を担い始めている。

オンライン上のコミュニティを形成することを得意とするシビックテックが、課題を「自分ごと（Our Matter）」として「共感（Empathy）」し、市民と同じ目線（Citizen Oriented）に立って解決手法を生み出している。

また、行政サービスの向上にも一役買っている。すなわち、コーポレートフェローシップ（第3章で詳述）のように、ITによるサービス向上の手法やプロセスを支援・改善することにより、市民サービス向上と行政の効率化にも貢献している。さらに行政が保有するオープンデータを市民側から推進する役割も担うなど、シビックテックが活躍できる場は確実に広がっている（第3章で詳述）。

このプロセスを経ることによりシビックテックは、「興味ある傍観者（Interested Bystanders）」から、「行動するプレイヤー（Active Player）」へ変貌をとげている。

しかし、一方で世界のIT人材は慢性的に不足している。各国は、イノベーションを推進するために国をあげてSTEM教育（科学・技術・工学・数学による科学技術や社会経済の厚生の発展をめざす教育）を行い、次世代人材の育成にしのぎを削っている。

この流れは、欧米やアジア諸国だけでない。アフリカでも天然資源に恵まれない国々は、教育、特にIT教育に力を入れて、国の将来を若い世代に託す国策を展開している。日本でも、「IT人材35歳転職限界説」では労働力不足を満たせなくなるほど人材の流動性は高まっている。国際経済フォーラムの「ICT競争力ランキング2016年」【注01】によると、ICT利活用においてわが国は世界10位であるものの、よりいっそう高度な利活用が求められている。

　IoTが世界を変えつつある今、ITは21世紀の「産業の米」であり、データは「21世紀の石油」と呼ばれ、プログラミング等のコンピューターサイエンスのスキルは社会を下支えする現代の「読み書きそろばん」である。

　このITやデータを駆使してコミュニティを作り、社会や地域課題の解決にともに取り組む新たな市民像を、本書では「シビックテック＝新公民」と呼ぶ。

　公共の利益（Commonwealth）に貢献する人々は、企業や行政の枠を超えた「新公民」である。自分の社会的使命を理解し実践することで、地域にイノベーションを興し、地域での自らの存在価値を知るようになる。その活動を通じて、ITによる地域課題の解決を生業として地域で活躍するシビックテックとして成長し、新たな地域のマーケットが形成される循環を興すことが必要である。

　スマートシティをめざす先進都市や、成熟した市民社会を展開する地方では、地域の課題を市民が行政と協働して解決する「オープンガバナンス社会」が本格的に到来しつつある【注02】。その本質は、公共サービスのデザイン・イノベーションであり、オープンガバメント（開かれた行政）をめざす地域では、ITやシビックテックに下支えされた事業が展開されている。

　この流れをさらに加速するために、彼らの活躍の場を社会資本として整備する必要がある。欧米でもデジタルとデータとデザインは、市民と行政による政策形成（ポリシー

メイキング）の共有ツールである。例えば、英国の「Policy
Lab（ポリシーラボ、第7章で紹介）」では、政策形成のイ
ノベーションにデータサイエンティストを登用し、データ
を使ってどのような成果を得るかを設計するデータデザイ
ンは必須の要素として扱われている。

　最近「AIやIoTが人々の仕事を奪う」という議論がある
が、オープンガバナンス社会での主体はあくまでも人であ
る。市民の知見を集めてどのように課題を解決するかを探
るツールとしてAIやITを使うため、人々の仕事を奪う議
論とは主旨が異なる。

　本書では、市民や行政や企業とシビックテックとの共創
活動を通じて生み出される新しい社会変革の潮流を「シ
ビックテックイノベーション」と呼ぶ。多くの既存書がテ
クノロジーを追い求めることに焦点を当てているのに対し、
本書は人間側から焦点を当てて、テクノロジーを扱う、あ
るいはその恩恵を受ける人々が、それとどう向き合うかに
ついて述べる。

　あわせて、シビックテックイノベーションが、地域社会
に不可欠なグラスルーツ活動やエコシステムとなるための
条件や課題、それを支える人材の育成についても述べる。

　なお、各章の終わりに＜Column＞を設けた。シビック
テックのこぼれ話やエピソードを紹介しているので、彼ら
の等身大の活動に触れていただきたい。

　本書は、シビックテックイノベーションを積極的に進め
ることが、地域社会や人を変えることを紹介するとともに、
その活動に参加する「新公民」への応援歌でもある。

　その視点に立って、シビックテックの有用性を以下の読
者にも訴えかりたい。すなわち、

　①　ITエンジニアには、社会課題を解決するシビック

6 ▶▶▶ はじめに

テック活動へ参加するきっかけ作りの案内書として

② 行政関係者には、課題解決のパートナーであり、市民と行政をつなぐコーディネーターとして。特に、情報政策やオープンデータ担当者は、地域のIT人材の育成や産業政策など地方創生を推進するエコシステムとして

③ 地域で活動する市民には、自分たちが抱える課題をともに解決し、地域を元気にする協働パートナーとして

　本書の執筆にあたり、多くのシビックテック関係や地域活動に取り組む方々にご指導・ご助言をいただいた。この場をお借りして感謝を申し上げたい。

　インタビューにおいて、彼らまたは彼女らのより良い社会をともに創ろうとする真摯な姿勢に心打たれたことも執筆のエネルギーとなった。

　シビックテックイノベーションにより、これまで互いに関係が薄かった人や組織が、共創行動することにより新たな絆が生まれる。そして1人の人間として成長し、市民目線の社会を創り出す活動に関心を持ち、オープンガバナンス社会の輪の中へ入る人々が増えれば幸いである。

2017年10月　筆者

【注01】国際経済フォーラム「ICT競争力ランキング2016年」http://reports.weforum.org/global-information-technology-report-2016/networked-readiness-index

【注02】本書では、オープンガバメント（開かれた行政）とオープンガバナンス（開かれた自治）は異なるものとして表現している。

CONTENTS

はじめに 3

Chapter1　日本のコンピューターサイエンス教育が変わる 11

　　1-0　第1章の冒頭にあたって 12
　　1-1　CoderDojo 14
　　1-2　Django Girls Japan 22
　　1-3　変わるコンピューターサイエンス教育 27

Chapter2　時代が求めるシビックテック 41

　　2-0　第2章の冒頭にあたって 42
　　2-1　シビックテックとは 45
　　2-2　シビックテック活動の対象による分類 49
　　2-3　シビックテックの活動内容による分類 51
　　2-4　地域コミュニティの課題解決をめざす活動 52
　　2-5　IT力の向上をめざす活動 57
　　2-6　社会課題の解決が期待される活動 58
　　2-7　行政との協働 60

Chapter3　日本のシビックテックイノベーション 69

　　3-0　第3章の冒頭にあたって 70
　　3-1　「ともに考え、ともに作る」 71
　　3-2　組織の壁を越えて働ける越境人材作り 79
　　3-3　CfJのオープン戦略とその成果 88

Chapter4　米国におけるシビックテックイノベーション 105

　　4-0　第4章の冒頭にあたって 106
　　4-1　サンフランシスコ市役所を変えたCode for America 107

4-2	CfAのミッション	110
4-3	CfAの事業	114

Chapter5　ヒト・モノ・コトを発火せよ 139

5-0	第5章の冒頭にあたって	140
5-1	シビックテックが変える3要素	141
5-2	シビックテックが仕かける発火点	148
5-3	「ヒト」を発火する	152
5-4	「モノ」を発火する	158
5-5	「コト」を発火する	163

Chapter6　シビックテックイノベーションを興すエコシステムとは 185

6-0	第6章の冒頭にあたって	186
6-1	課題①：「誰がシビックテックから利益を得るか?」	187
6-2	課題②：運営資金の確保と人材育成	192
6-3	課題③：Gov Tech市場と新たなインキュベーター	194
6-4	課題④：社会的認知の拡大	200
6-5	課題⑤　シビックテックを取り巻く環境の日米比較	202

Chapter7　Public & Civic Tech Partnershipの実現に向けて 213

7-0	第7章の冒頭にあたって	214
7-1	政策形成内容とプロセスのイノベーション	216
7-2	Public & Civic Tech Partnership	220
7-3	公開データやAPIの標準化	224
7-4	自治体における調達の改革	227
7-5	シビックテック次の10年	230

おわりに 236

著者紹介 241

Chapter 1

日本のコンピューターサイエン
ス教育が変わる

1-0
第1章の冒頭にあたって
－現代版『学問ノススメ』－

本章では、世界的なプログラミング教育活動など、コンピューターサイエンス教育の動向を踏まえて、あらゆる分野で活躍できるIT人材を育成するための取り組みと、近未来に登場するITエンジニア像を見る。

　慶応義塾の開祖である福沢諭吉は、著書『学問ノススメ』で教育について述べている。

「ひとこと忠告したい。後進の青年諸君よ、もし他人の仕事を見て不満だったら、自分でその仕事を試してみたまえ。他人の商売のやり方がまずいと思ったら、自分でその商売をやってみたまえ。隣家の生活がずさんに思えたら、自分の家で試してみたまえ」【注01】。

　福沢の格言を現代風にしてみると、「政治や行政の仕事に不満があれば、自らその仕事を試してみよ。企業のビジネス手法に問題ありと思うなら、自ら解決を試みてみよ。地域社会に課題があると感じたら、自分の家を例に解決してみよ」ともいい換えられるのではないか。140年前の福沢の言葉は、「自ら課題を見つけて解決する手法を学び、実行する姿勢を常に持て」と、現代の我々に箴言しているように見える。

　この格言が唱えられた明治時代は、世界に日本の存在を示すために開国し、政治経済や社会教育制度が急速に整備された時代であった。今日の日本の教育も、ITの登場とIoT社会の発展という大きなうねりの中で、教育を取り巻く環境は劇的に変化している。

12 ▶▶▶ Chapter1　日本のコンピューターサイエンス教育が変わる

例えば、教育の情報化は、1990年代のインターネットの登場・普及に合わせて、学校ネットワーク、電子黒板やタブレットなどハード面の進展や情報教育カリキュラムなどソフト面の充実により、環境整備がなされてきた。

　それを経た21世紀の社会では、ITを使いこなすだけでなく、効果的に用いて社会厚生を推進する人材が求められており、アクティブな教育は今後本格的に展開する。

　明治時代以降、日本の教育の進展には長い時間を要したが、シビックテック（市民ITエンジニア）を育てる教育も、「一朝一夕にしてならず」である。

　以下では、各地域で興隆しつつあるプログラミング教育を例に、コンピューターサイエンス教育の進展を、社会教育から見た事例（1-1、1-2）と1-3の学校教育から見た事例との両面を通じて、日本のIT教育の変化の兆しを見る。

【注01】福沢諭吉『学問ノススメ』（1876年（明治9年）8月刊行）

1-1
CoderDojo
－コンピューターサイエンス教育を行う世界的組織の現状－

コンピューターサイエンス教育は、学校だけでなく社会のあらゆる場所で行われている。そこでは、さまざまな人々によって楽しみながら学べる場が創出されている。本節では、世界的な組織による教育活動内容を紹介する。

プログラミングを学ぶ子供たちの祭典「Dojo-Con Japan 2016」

やや旧聞にはなるが、2016年8月の第4土曜日、夏休み最後の週末に日本で初めてのコーダー（Coder）のためのイベントである、「DojoCon Japan 2016」が大阪市内で開催され、会場は子供たちやプログラマーたちの熱気があふれていた。

「The more dojos, the more cool coders.（もっと道場を増やし、もっとクールなコーダーを増やそう）」をテーマとして、子供へのプログラミング教育を実施するために活動しているプログラマーたちや有識者の講演、展示デモブースでのワークショップや体験教室、作品の表彰式などが繰り広げられ、子供の歓声が入り混じり、和やかで活気がみなぎっていた。

この日はアイルランドの本部から、CoderDojo Foundation（CoderDojo財団）の地域との関係構築を担当するロス・オニール氏も参加し、日本支部の設立について調印が行わ

14 ▶▶ Chapter1　日本のコンピューターサイエンス教育が変わる

れた。CoderDojo財団とのライセンス契約を交わし、一般
社団法人CoderDojo Japanという公式の日本法人が設立さ
れた。

CoderDojoのユニークな活動

　CoderDojoとは、「Code（プログラムを書く）」＋「er
（人）」＋「Dojo（道場）」を合わせた造語で、プログラミン
グをする人々が自ら学ぶ場をさす。参加資格は、7〜17歳
の子供である。

　CoderDojoは、創始者であるJames WheltonとBill Liao
の2人により、2011年にアイルランドで始まった。現在、
世界69か国に1250以上の道場があり、3万5000人以上の子
供たちが参加している（2017年5月現在）【注02】。日本で
は、アジアで初めての道場が2012年4月に東京で開設され
た【注03】。日本には、北海道、関東、中部、近畿地区など
35都道府県に90以上の道場があり、その数は増加中である
（2017年7月現在）。最近のプログラミングへの関心の高ま
りも受けて、いくつかの地域の道場では「キャンセル待ち」
もあるとのことである。

　CoderDojoは、青少年を対象としたボランティアによる
運営、および地域コミュニティをベースとして世界に広が
る非営利活動である。7歳から17歳なら誰でも道場を訪ね
て、堅苦しくない創造的な環境の中で、WEBサイト制作や
アプリ・ゲームの開発など、さまざまな技術について学ぶ
機会が得られる。また、CoderDojoではこれらのスキルを
楽しく主体的に学ぶことを大切にしているため、共通のカ
リキュラムやテキストなどは設定せず、それぞれの子供た
ちの興味・関心にもとづいて学ぶスタイルを採用している。

　各道場では、Scratch（ブロックを組み合わせる簡単なプ
ログラミング）や、HTML、CSS、JavaScript等を活用し

たWEBサイトの制作、Arduino（初心者でも使える簡単なマイコンボード）等の電子工作などに対応している道場がある。ただし、道場ごとに対応できる技術が異なるため、例えば、電子工作に対応している道場もあれば、そうでない道場もある。

　CoderDojoは世界中で拡大しており、一般社団法人CoderDojo JapanやCoderDojo財団などが活動を支援している。新規道場の開設を支援するねらいは、地域に密着した組織を作ることであり、その成功事例は日本であり、CoderDojo Community Committeeという世界的な主要なコミュニティ委員会の委員として安川氏も入っている。

　CoderDojo財団は、新たに開設されるCoderDojoの審査・承認を執り行い、その際に発生する日本語／英語などの言語の壁や、日本独特の事情をCoderDojo Japanが補完している。また、CoderDojoについて疑問があればそれに回答・助言するグループを運営したり、各道場の運営ノウハウや教材などをまとめる「Kata（wiki）」を制作したりしている。

「魚を与えるのではなく、魚の釣り方を教える」

　CoderDojoには、「Sushi（寿司）」と呼ばれる世界中で作られたオープンな教材があり、誰でも自由にダウンロードして利用することができる。また、CoderDojo Style Guide（コーダー道場スタイルガイド）というガイドブック【注04】を参考にして、道場のカラーやロゴマークを自分たちで決めることもできる。例えば、自分たちの道場で使用するフォントやイメージカラーを設定し、統一して使用するのに参考となるガイドブックである。

　このように可能な限りスムーズに道場をスタートアップ（開設）できる仕組みを提供して、地域の独自性を最大に尊

重しながらも道場のミッションを実現する姿勢を持つ理由は、道場の運営が運営者への「押しつけ」でなく、運営者自らが現場の状況を考えて試行錯誤しながら進めていくスタイルを尊重している理由による。

CoderDojoには、次のような独自の用語がある。伝統的な日本語に由来しているのがおもしろく、親しみが湧く（表1-1）。

表1-1　CorderDojoで用いられている用語名と内容

用　語	内　容
Dojo（道場）	プログラミングをする場所
Ninja（忍者）	道場でプログラミングに参加する子供たちをさす
Mentor（メンター）	忍者の指導者、すなわちプログラマーやスタッフ
Champion（チャンピオン）	各道場の運営者
Zen（禅）	コミュニティ向けプラットフォーム
Kata（型）	道場運営に役立つ情報や教材を共有するWiki
Sushi（寿司）	教材を一口サイズ（A4用紙1枚など）にまとめたもの （参考：http://kata.coderdojo.com/wiki/Sushi）

上記のほか、教材を簡単に作るためのChopsticks（箸）もあり、教材を簡単に作って世界中に共有できる仕組みが整っている。

CoderDojoの特色の第1は、「忍者が作りたいものをサポートする」である。すなわち、メンターやチャンピオンが、プログラミングで試行錯誤する子供たちに対して必要以上に干渉せずに見守ることにある。「魚を与えるのではなく、魚の釣り方を教える」ことを通じて、プログラミングを教えてくれる先生と生徒の関係ではなく、世代を超えた交流ができる点が特徴である。

特色の第2は、道場で作った作品を「自慢する」時間を設けていることである。つまり、道場での発表は、子供た

ちに自信を与えるだけでなく、自主性を養う効果がある。なお、道場で作られた作品の中には、風船割りゲームや英語学習用ゲームなどがある。

高校生や大学生が道場を立ち上げる「居場所」作り

　道場を立ち上げるのは、必ずしも大人のプログラマーたちとは限らない。中には、高校生や大学生自らが道場を立ち上げて運営するケースも決して珍しくない。

　現在、大阪大学工学部に在籍する東和樹氏は、国立明石工業専門学校に在学中の2015年9月にCoderDojo明石を開設した。東氏が道場を開設したきっかけは、自身の過去の経験にもとづく。

　すなわち、小学生のときにC言語に取り組み、挫折したことが起源である。当時自分の周辺にプログラミング教室もなく独学で苦労した東氏は、自分が経験した悔しい想いを他の子供たちにさせたくないと道場を20歳で開設した。開設にあたり、「失敗しても良い」と寛容な気持ちで始めたという。その理由は、子供たちとの年齢と近いので、自分自身が楽しめることにある。道場の場所は、NPO法人から有償で借りた。後には専門学校を教室として使わせてもらった。

　東氏は、「単にプログラミングを教えるだけでなく、子供たちの好奇心やモチベーションを高める場所でありたい」と述べている。道場が地域の子供たちの居場所にもなっている。

　東氏のように、高校生や大学生が自らCoderDojoを開設する動きは、今後も拡大すると予測される。

　若いメンターは、東氏のように、自分が子供だったわずか10年程度前、日本の社会にプログラミングを学ぶ場がほ

とんどなく苦労した経験を、次の世代にはさせまいとの純粋なボランティア精神により道場の運営を担っている。道場を運営する東氏の姿は、将来のメンターと忍者をめざす子供たちに対するメッセージとなっている。

　子供たちの自主独立性を養う点でCoderDojoは、まち作りで近年注目されている子供たちの「居場所」作りであり、現代版「そろばん塾」でもあるといえよう。

　子供も大人もプログラミングを通じて、共通の「居場所」を作ることが、CoderDojoが活気づいている要因かもしれない。

CoderDojoの課題

　順調に道場数が増加している各地域のCoderDojoではあるが、課題もある。すなわち、開設したばかりの地域の道場では、第1に財政的な基盤が弱いこと、第2にスタッフ（チャンピオンやメンター）の数が少ないこと、第3に道場を開催できるスペースが限られていること、などそれぞれ道場ごとに異なる課題がある。

　開設したばかりの道場のチャンピオン（運営者）も、道場の開設や運営で困ることは、「財政、会場、メンター」と述べている。特にWi-Fiが使える会場を探すのが大変であり、公共施設はWi-Fiがなく電源も足りない一方で、設備が揃っている施設は使用料が高い。

　今後は、公民館や児童館のほか、科学館など公共施設を多く有する自治体の理解と協力が必要である。自治体もプログラミング教育を学校教育だけに任せるのではなく、青少年の居場所作りやベンチャービジネス振興策など、さまざまな行政施策の中にもプログラミング教育を取り入れていくべきである。この点、プログラミングイベントを定例的に開催する福井市、鯖江市や、学校でのプログラミング

教育を街のプログラマーから公募を呼びかける大阪市などの動きは、今後各自治体にも拡大すると思われる。

　財政的基盤の課題は、各道場がそれぞれスポンサーや支援組織探しをする点にある。CoderDojo Japanから一定の物的支援を受けたり、CoderDojoブランドを使った資金調達が認められたりしているが、財政的には各CoderDojoがそれぞれ独立することが求められる。したがって、財政的な基盤を確保するために、必要に応じて募金やクラウドファンディング、地元の自治体・企業・団体へのPRなどが求められる。財団のロス・オニール氏（前述）は、「道場が存在する自治体との関係作りが必要であるが、道場設立にはスピード感が必要」と、道場の自主独立性を優先しているとのことであった。

　第2と第3の課題について、CoderDojo Japanの安川要平氏によると、CoderDojoへの参加希望者が増え、「キャンセル待ち」状態になっている道場が増加している。キャンセル待ちとなる理由の1つは、メンターの数に対して参加者の数が多くなり過ぎると、メンターにとって負荷が高くなるから、と述べている。参加者だけでなく、メンターにとっても楽しい場所であり続けることが重要で、そうでなければ道場を続けるのが難しくなるだろう、とも述べている。また、CoderDojoの国際的なブランド力を活かして、国内外のいろいろな企業・団体と連携していくことも、今後やりたいことの1つだと指摘している。

　なお、最近首都圏でも企業運営による有料のプログラミング教室が増えてはいるが、指導者不足の傾向は全国に拡大する。したがって、指導者の養成に加えて、企業活動との共存、安定的な財政確保などが各地で急務となり、国や地域をあげた対策が必要である。後述する福井県鯖江市のプログラミング道場（Hana道場）など、プログラミング教育を通じて子供の可能性を地域で育てる動きが加速しつつある。また、教育カリキュラムやプログラミング教材が、

教育ビジネス市場としても大きく成長するポテンシャルを有する。

　今後、スポンサー探しや財政基盤の強化に加えて、チャンピオンやメンターの育成、特に若い世代の養成は早急に対処すべきである。前述した東氏のように、若い指導者の教育を教育機関に委ねるだけでなく、さまざまな組織が環境作りや地域の人材育成に関わる方向性の確立も不可欠である。

【注02】
https://www.raspberrypi.org/blog/raspberry-pi-and-coderdojo-join-forces/
【注03】 https://coderdojo.jp/
【注04】
https://company-51033.frontify.com/d/E6KNDhunr9mR/coderdojo-style-guide-1460385526

1-2
Django Girls Japan
－女性をプログラミングの虜にする－

あらゆる世代の人々が学ぶことができるコンピューターサイエンス教育は、キャリアアップに必要なスキルである。近時、女性エンジニアがプログラミングを学べる教育カリキュラムが活発化している。その一例を紹介する。

　女性のIT人材のすそ野を広げようと活動している世界的な団体がある。その1つにDjango Girls（ジャンゴガールズ）がある。

「女性にプログラミングの楽しさを広める」をモットーに、Django Girlsはプログラミング言語のPython（パイソン）やWEBアプリケーション開発ツールのDjango（ジャンゴ）を紹介しながら、オープンソースのチュートリアルを使って、初めてでも驚くようなプログラミング体験ができるワークショップを無料で提供しているNPOである。1日コースのワークショップを通じて、ボランティアからプログラミングの手ほどきを受け、Python、Django、HTML、CSSを学び、女性たちをテクノロジーの世界にいざなうことを目的としている。

　2014年7月にドイツのベルリンで始まったこの活動は、世界77か国313都市で460回を超えるワークショップが開催され、1万446人以上の女性が参加し、1009人を超える多くのボランティアに支えられているなど、大きなインパクトとなって世界中に広がりつつある（2017年7月1日現在）【注05】。ワークショップでは、プログラミングの基礎を学び、WEBアプリケーションを作るカリキュラムがある。

22 ▶▶▶ Chapter1　日本のコンピューターサイエンス教育が変わる

日本でも、Django Girls Japan が2015年7月に立ち上がり、ワークショップや月例のミートアップ（勉強会）を開催している。

2016年9月3日、日本で2回目のDjango Girlsによる1Dayワークショップが開催され、20歳代から50歳代まで約30人の女性が集まった。このときも2〜3人の参加者に対して、複数のメンターやコーチが懇切丁寧に教えていた。

参加者の好感度が高いワークショップ

参加者の声を聞くと、「女性限定のワークショップは安心して参加できる」。また、「何がわかっていないかったのか、それがどういうことなのかがわかった」、「参加したのは初めてだが、メンターの存在は本当に心強い」など、満足度の高い場作りを演出している点で、セミナー参加者の好感度が高い【注06】。

主催者の1人で、Code for TOKYOの副代表でもある榎本真美氏にDjango Girls Japanを設立した経緯を聞いた。「プログラミングを学んで、これまで知らなかった世界への入口が見えることに意義がある。新たな世界を知ることで、人生の選択肢が変わることを感じてほしい」と述べている。

榎本氏は、Pythonのチュートリアルをもとに、ビギナーを指導していた経験から、女性がプログラミングを学ぶ場の必要性を強く感じていた。

このことを実践したDjango Girlsのメンバーがいる。41歳を過ぎて初めてプログラミングを学び、現在プログラマーとして働いている松本綾子氏である。松本氏は、2015年のDjango Girlsのワークショップに初めて参加して、メンターから丁寧に教えられて以来、自分でもコミュニティ活動に参加し、今ではコーチとして人を教える立場で活躍

している。Django Girls に参加するまでは、あまり行動的ではなかったという松本氏であるが、プログラミングに出会ったことにより活発的になり、新しい人生の扉を自ら開いた人となった。

榎本氏は、松本氏のようなケースを参考に、他の女性がプログラミングの世界に興味を持つことを期待している。

日本の女性IT人材の現状

IT人材白書2016【注07】によると、日本のIT企業のIT人材（IT提供側）は85万4000人であり、ITを利用するユーザー企業（IT利用側）の28万人を合わせると113万4000人に上る。

このうちIT業界における女性の比率は約4分の1を占める。また、ユーザー企業の社員のIT人材女性の割合は、従業員数1000名以下の企業で0％が4～5割にも上る。さらに女性管理職の割合は0％が5割を超え、10％以下と含めると企業数の9割を超える。総人口と若年労働者層の減少が進む中、女性のIT人材比率の向上が求められている。

米国においても危機感はあり、アクセンチュア社とITエンジニア団体であるGirls Who Codeによるレポートでも、女性のITエンジニア不足が叫ばれている。しかし、もしこれが解消されれば、世界におけるITエンジニアの女性比率は現在の24％から39％（390万人）に向上し、2990億ドル（約33兆円）の経済効果を生むと期待されている【注08】。

女性ITエンジニアを増やすためには、学校教育におけるプログラミング教育の重要性と、生徒たちが興味をなくして落ちこぼれないようなカリキュラムが不可欠と述べている。

24 ▶▶▶ Chapter1　日本のコンピューターサイエンス教育が変わる

女性ITエンジニアの時代

　一方で、日本でも女性エンジニアをめぐる「地殻変動」は確実に始まっている。種々の言語について情報交換し合う女性のコミュニティが現れ、交流活動が盛んになり、それが連携し始めている。

　一例を挙げると、Pythonコミュニティの1つである「PyLadies」【注09】、Javaまわりの勉強会や交流会を開催する「Java女子部」【注10】、ICT業界に関わる女性が楽しく学べる「Windows女子部」【注11】など、さまざまな種類の言語にはそれぞれ独自の女性たちのコミュニティがあり、技術情報や仕事に関する情報交換や交流をしている。

　このような状況の中、各コミュニティの代表達の呼びかけにより、女性エンジニアで構成される12団体が一同に会するカンファレンス「Geek Women 2016」が2016年11月に開催された【注12】。

　いろいろな企業や組織に所属しており、普段は出会う機会の少ない女性エンジニアを中心に300人近くが集まり、技術情報だけでなく、働き方や技術、キャリアなどについて、45分の聴講型セッションやポスターセッションで議論し合った。そこには、技術にしばられない、女性エンジニアとしての悩みを打ち明けたり、交流の輪を広げたりする場が生まれた。さらに新たなアイデアやコミュニティが生まれ、それらのグループはSlack（ビジネス界で人気のチャットツール）等で情報交換をしながら、活発なコミュニティ活動を展開している。

　榎本氏はいう。

「女性プログラマーは、もっとプライドを持ってほしい。男性に負けないITを持っているのに、謙遜し過ぎている女性がいかに多いことか。例えば、「スゴ腕」の女性エンジニアなのに、（Django Girlsの）コーチになることを躊躇する

人もいる」

「プログラマーであった女性たちが、結婚・出産・子育てとライフサイクルを経て仕事に戻ろうとすると、使っていた言語やITの進化が速過ぎたり、キャリアに不利だったりして追いつかないとあきらめたり、萎縮したりしていて、新たな入口にたどり着けない。このことが人生の選択肢をどれだけ狭くしているか」

と、榎本氏は嘆く。

さらに「自分の可能性を探しに、新しい世界に飛び込んでほしい」と述べ、女性プログラマーの活躍にエールを送っている。

【注05】Django Girls ホームページ　https://djangogirls.org/

【注06】Djangogirls Tokyo 2015 report
（https://www.slideshare.net/mamix1116/djangogirlstokyo2015-report）

【注07】IT人材白書2016
（http://www.ipa.go.jp/jinzai/jigyou/hakusyo_dl_2016.html）

【注08】"CRACKING THE GENDER CODE"（Accenture & Girls who code）
（https://www.accenture.com/t20161018T094638__w__/us-en/_acnmedia/Accenture/next-gen-3/girls-who-code/Accenture-Cracking-The-Gender-Code-Report.pdf）

【注09】PyLadies（https://pyladies-tokyo.connpass.com/）

【注10】Java女子部（https://javajo.doorkeeper.jp/）

【注11】Windows女子部
（https://www.facebook.com/groups/WindowsGirls/）

【注12】Geek Women 2016に参加したエンジニア女子団体（順不同）Java女子部、GTUG Girls、Ladies that UX、Django Girls、pyladies TOKYO、windows女子部、ラズパイ女子部、Rails Girls、JAWS-UGクラウド女子会、Soft Layer & Bluemix女子部、dots.、Women Who Code。出典：Geek Women 2016ホームページ（http://geekwomenjapan.github.io/conference2016/#speaker）

変わるコンピューターサイエンス教育

1-3

前節で紹介したコンピューターサイエンス教育が急速に進展している理由は、テクノロジーの進歩だけではなく、課題への取り組み方や考え方が大きく変化している原因もある。本節では、これらを踏まえて日本の教育政策の方向性を概観する。

『21世紀の資本』の著者であるトマ・ピケティは、「資本主義では過去200年間、格差が拡大し、今後も不平等が拡大する」として、膨大な歴史データにもとづいて検証した資本や労働所得の格差について、「教育と技術が賃金水準のきわめて需要な決定要因」と述べている（『21世紀の資本』359ページ、山形浩生、盛岡桜、森本正史訳、2014年、みすず書房）。21世紀においては、コンピューターサイエンス教育も格差を作る要因の1つとなり得る。

プログラミング教育の現状

　文部科学省は、2020年からの新学習指導要領において、小学校にプログラミング教育の必修化を検討すると発表した【注13】。

　プログラミング教育は、英国では義務教育に導入されているほか、韓国では、2015年に教育カリキュラムを見直し、小中学校におけるソフトウェア教育を始めており、2018年からすべての小中学校で義務化するなど、国を挙げた取り組みが始まっているほか、イスラエルやエストニアなどIT

27

技術の先進国では、教育現場への導入が加速している【注14】。

　日本においても文部科学省は、小学校段階における論理的思考力や創造性、問題解決能力等の育成とプログラミング教育に関する有識者会議（2016年6月16日）で、プログラミング教育の導入について議論を進めている。その中でプログラミング教育とは、「子供たちに、コンピュータに意図した処理を行うよう指示することができるということを体験させながら、将来どのような職業に就くとしても、次代を超えて普遍的に求められる力としての『プログラミング的思考』などを育むこと」と定義している。また、必ずしもコーディングを覚えること自体が目的ではないとして、自ら考え解決することが重要であることを意識している。

　安倍首相も産業力競争会議において、「第4次産業革命の時代を勝ち抜き、日本の国際競争力を向上させるためにも、初等中等教育でのプログラミング教育を必修化し、ITを活用した習熟度別学習を導入します」として、プログラミング教育の義務化を提唱するなどシビックエンジニアの育成は国を挙げて至急取り組むべき急務としている（産業競争力会議、2016年5月19日）。この状況を受けて、千葉県柏市では、2017年4月から市内すべての小学校においてプログラミング教育を開始するなど、先駆的な動きが始まっている。

　これまでITエンジニアは、プログラミングとの出会いは自らの興味により独学で学んだり、高校や大学・専門学校等で初めて教科を選択したりするケースがほとんどであった。しかし、小学校でプログラミングが義務教育化されると、学ぶことの意義も変わってくる。現在、中央教育審議会が検討している学校教育の根底にあるのは、少し粗いまとめ方ではあるが、おおむね図1-1の流れである。換言すると、21世紀を生きる子供たちは、社会に対して何を貢献できるかについて、主体的に学び協働して問題を発見し解

決することを学ぶ教育を受けるのである。

図1-1　中央教育審議会の議論の流れ（文部科学省のホームページをもとに著者作成）

これからの学びの形とアクティブラーニング

　アクティブラーニング（以下、AL）とは、前述の有識者会議資料によると、「教員による一方向的な講義形式の教育とは異なり、学習者の能動的な学習への参加を取り入れた教授・学習法の総称。学習者が能動的に学ぶことによって、後で学んだ情報を思い出しやすい、あるいは異なる文脈でもその情報を使いこなしやすいという理由から用いられる教授法。発見学習、問題解決学習、体験学習、調査学習等が含まれるが、教室内でのグループ・ディスカッション、ディベート、グループ・ワークなどを行うことでも取り入れられる」と定義している【注15】。

　ALの一形態として、課題解決型学習PBL（Project-Based Learning）または問題解決型学習（Problem-Solving-Learning）がある。

　課題を自ら発見し、自分や仲間で解決を図ろうとするALは、今後の生きる力を育む教育であり、2020年からの次期学習指導要領で導入される。その流れと概念を同じくするプログラミング教育は、21世紀を生きる私たちの基本的に備えておくべき資質の1つになり得るといえよう。すなわち、図1-2で示すように、第1ステップは「見方とは何か」で、市民社会の課題解決のために種々の視点から問題の本質を見抜くことである。第2ステップは、市民や社会が何

を課題として困っている（あるいは問題視している）ことを捉える。第3ステップでその解決のための考察と手法を見出す。このプロセスは、市民社会における問題解決のフローと同じである。アクティブラーニングは、教育だけでなく、産業におけるイノベーション創出や、市民活動の拡充にも適用できる基本概念といえよう。

　ALの意義について文部科学省は、「主体的・対話的で深い学びであるアクティブラーニングの視点が必要としている。学びを通じて、生きて働く知識・技能の習得や、未知の状況にも対応できる思考力・判断力・表現力等の育成、学びを人生や社会に生かそうとする学びに向かう力・人間性等の涵養につなげていこうという改革の方向性は、これからの時代に求められる教育のあり方として極めて重要である」としている。

図1-2　これからの学びの形とアクティブラーニング（中央教育審議会資料より著者作成）

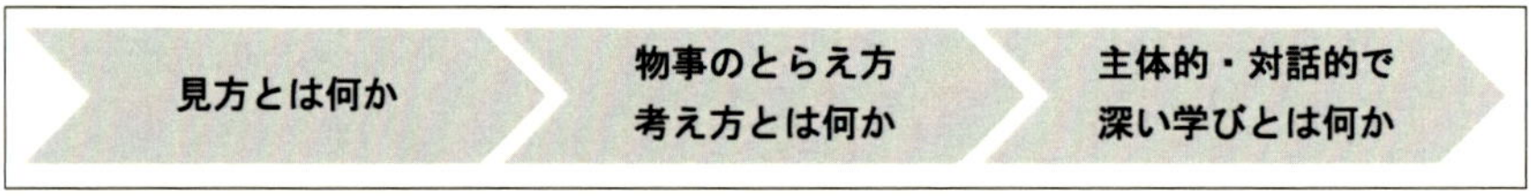

見方とは何か	物事のとらえ方 考え方とは何か	主体的・対話的で 深い学びとは何か

　文部科学省は、教育カリキュラムの充実にあわせてプログラミング教育の実施に向けた環境整備のために「教育の情報化加速化プラン」【注16】をまとめており、今後さらに情報教育環境が充実することが予想される。つまり、「2020年代に向けて、授業、学習面、校務面、学校・地域連携など学校活動のあらゆる側面へICTの積極的活用を図るための政策課題と対応方針を定めて教育の情報化を強力に推進する」としている。

　その中でも、プログラミング教育に関する教材開発や教員研修の充実が求められている。同時に、指導体制の充実や社会との連携が必要とされるようになり、例えば、英語教育において地域からゲストチューターとして英語教育が

30　▶▶▶ Chapter1　日本のコンピューターサイエンス教育が変わる

なされるように、シビックテックが学校教育におけるプログラミング授業の講師として重要視される時代が確実に到来する。

　今後、学校教育と社会教育の両面において、プログラミング教育の推進が本格化し、ITエンジニアリングの知識・経験は社会資本の1つとして認識され、シビックテックが草の根（グラスルーツ）の市民権を確立する時代がさらに進むであろう。

　福沢諭吉の「不満を持つなら自分の家で試してみたまえ」という箴言は【注17】、現代のアクティブラーニングやオープンガバナンス（開かれた自治）社会形成にも当てはまるのではないか。

情報科学を担当する高校教師のためいき

　筆者が学校現場の情報教育の事情についてよく意見を伺う、地方のとある工業高校の教員（匿名）は、高校におけるプログラミング教育の実態にためいきまじりに話す。彼は、高校の情報科学担当の教員として長年教鞭をとってきたが、教えた生徒たちがIT系の企業へ就職することが難しい現状に何度も直面している。その理由は、IT専門教育のレベルにあるという。

「高校で学ぶことができるプログラミングはイントロダクションに過ぎず、学んだ技能ではIT企業の即戦力となるにはほど遠く、卒業する生徒は専門学校で学び直さなければ通用しない」という。また、「プログラマーやSEとして求人が多いのは都市部であり、かつ給与は地方に行くほど安い傾向がある。教え子たちはIT雇用の多い東京方面に就職し、故郷に戻ることはほとんどない」と嘆く。

　最近の情報系の高校生の8割は、中学校でプログラミングの経験がないという。高校で初めてプログラミングに接す

ることになる結果、中学校で学ぶべきことを一から教えているのが現状である。さらに携帯やスマートフォンで育った最近の生徒が、キーボードのタイピングができない割合も増加している。同じ傾向は、大学生にも表れており、大学に入って初めて高校生で学ぶべきプログラミングの基礎を習う工学部の学生もいるとのことである。

教員側も、自分が学生として情報科学を学んだ時代には、情報科学の免許制度自体がなかった。そのため、技術家庭科や理数系の教員免許を持つ年配の教員が、情報の授業を担当する場合も多い。したがって、情報科学を担当することになった教員は、短期間の情報研修を受講した後に授業でプログラミングを教えることになる。その結果、特定の情報科学の専門教員を除いて、高校でのプログラミング教育を十分に教えられる知見を持つ教員数は少ないのが現状である。

今後、生まれたときからスマホがある「スマホ・ネイティブ世代」の子供たちが教員になる近未来には、プログラミングを教授する教員の質が問われるかもしれない。前述の有識者会議でも議論されているように、プログラミング教育でコードを打てるだけでなく、課題を発見し、解決やコミュニケーション、さらにイノベーションができる人材が求められている。

この状況を踏まえて、文部科学省、総務省、経済産業省は、学校関係者や教育関連やIT関連企業・ベンチャー、産業界と連携して、多様かつ優れたプログラミング教材の開発や、企業の協力による体験的プログラミング活動の実施など、学校におけるプログラミング教育を普及・推進することを目的として「未来の学びコンソーシアム」を立ち上げ、イベントやWEBサイトを通じて、プログラミングの魅力や指導に役立つ教材などの情報提供を行っている【注18】。

シビックテックとプログラミング教育の融和性：Hana道場の取り組み

　本章の冒頭で見たように、プログラミング教育は、自分で課題を見つけ、自分で解決する方向性を見出せる意思と力を育む「生きる力」を養う教育である。しかし、教育の現場は前節の高校教師の嘆きのように厳しい状況にある。この状況に対して希望の灯がさし始めている。

　福井県鯖江市の「Hana道場」で子供たちに電子工作とプログラミングの楽しさを教えているjig.jp代表取締役社長の福野泰介氏は、「今の学校におけるプログラミング教育では、プログラミングを嫌いになってしまう」と危機感を述べている。福野氏の母校である国立福井高等専門学校（現在は独立行政法人「国立高等専門学校機構福井工業高等専門学校」）でも、「1年生の秋から学ぶプログラミング教育で、理論が先行する教育内容に、プログラミングがすっかり嫌いになってしまう生徒がいることが残念。小中学校でプログラミングの楽しさに触れるきっかけがなかったために、より深い理論の学習を楽しめない」という。

　この危機的な状況に対して、福野氏は自ら考案し制作した簡単な入門用PCキットである「IchigoJam」を開発し、Hana道場で教えている。「IchigoJam」（図1-3）は、初心者向けのプログラミング言語であるBASICを現代風に復活させた子供用プログラミング専用パソコンであり、テレビとキーボードと電源につなぐだけですぐに使えるシンプルな構造であるため、プログラミングに集中して取り組めるようになっている。

図1-3　プログラム専用子どもパソコン「IchigoJam」（左）と「Hana道場」風景（右）（写真提供：jig.jp福野氏）

「子供だってアプリを作って販売できる」

　マイコンで作成したプログラムを子供たちは、WEB上で披露しその腕を競い合ったり、シェアし合ったりしている。そんな子供たちも増えてきている。例えば、Kidspod;は子供のプログラマーを応援する投稿サイトとして運営されており、「高速タイピングゲーム」などの作品が紹介されている。子供たちは、自分の作品を自慢するだけでなく、他の子供たちが書いたコードを見て学ぶことができる。
　その刺激が、より高いレベルのコードを書くモチベーションとなっている。そのモチベーションを高めてくれるのが、プログラミングコンテストである。
　プログラミングコンテストは、福井県をはじめ、地域各地で盛んに実施されるようになっている。プログラミングの基礎だけでなく、五感を使ったはんだ付けなどの電子工作を学ぶことで、子供たちは喜々としてますますモノ作りの楽しさに「ハマって」いく。
　Kidspod;に投稿されたアプリの中には、小中学生が作ったゲームアプリをApple App StoreやGoogle Play Storeなどのサイトから販売しているものまである。それを支援しているのが「マイアプリ」だ。

その仕組みは図1-4のフローに見るように、立派なビジネスモデルの要素を含んでいる。子供たちが書いたコードを、JavaScriptによりブラウザ上で動くアプリやゲームに書き換えて、シミュレーターによって自分のプログラムの動作確認ができる。マイアプリを使うことによって、子供たちは自作のプログラムを改良したり、アプリマーケットでの販売を通じてマーケティングを学んだりして、自然とビジネスプロセスを学ぶことができる。

図1-4　子供たちのコードが商品化されるフロー（出典：福野氏へのインタビューをもとに著者作成）

社会に貢献できるコンピューターサイエンス教育とは、社会実装を踏まえたビジネスモデルであるが、これを形作るプロセスを子供時代に経験することは、多様な課題に対応できる人材を育てる重要な教育効果を持つ。マイアプリの仕組みは、アクティブラーニングを具体化したものであり、ITを活用してビジネスを興すアントレプレナー教育のカリキュラムであるともいえよう。各地域にこのような流れが拡大していくことが期待される。

【注13】文部科学省「小学校段階における論理的思考力や創造性、問題解決能力等の育成とプログラミング教育に関する有識者会議」『小学校段階におけるプログラミング教育の在り方について（議論の取りまとめ）』（2016年6月16日）。http://www.mext.go.jp/b_menu/shingi/chousa/shotou/122/attach/1372525.htm

【注14】大韓民国教育省
http://english.moe.go.kr/sub/info.do?m=040101&s=english

【注15】

http://www.mext.go.jp/b_menu/shingi/chukyo/chukyo4/018/gijiroku/080
22508/003.htm

【注16】文部科学省「教育の情報化加速化プラン」
http://www.mext.go.jp/b_menu/houdou/28/07/1375100.htm

【注17】福沢諭吉『学問のススメ　第16編　自分の道を自分で切りひ
らくために』(1876年（明治9年）8月刊行)

【注18】未来の学びコンソーシアム（https://miraino-manabi.jp/）

＜Column①＞　災害対応とシビックテック

・災害時に活躍するシビックテック

日本は台風や風水害や雪害のほか、地震、津波、火山噴火など、さまざまな自然災害が多発する国である。これらの災害に対して、国を挙げて対応策を実施しているが、災害時に被災者に情報を伝達し、最大限活用するための対策は、常に発展途上にあるといえるほど改善の余地がある。

災害時にシビックテックが活躍できる場面は多い。2016年4月の熊本地震を含めて、過去の大規模災害が発生した際には、多くのITボランティアが被災地の内外で活躍した。ITを駆使して情報の伝達や集約を支援する流れは、1995年の阪神淡路大震災以降確実に拡大している。

2016年4月に発生した熊本地震は、熊本市をはじめ、益城町、南阿蘇村や大分県の湯布院町などに大きな被害をもたらしたが、過去の自然災害の教訓をもとに、速やかに被災者を救援する情報網が整備された。例えば、多くの人々により、給水箇所や配食サービス箇所など、被災者が日々求める情報の地図上への書き込みがなされている。これらの救援情報は、被災者だけでなく被災地を支援する人々にとっても有用である。

・問われる「情報の品質管理」

しかし、問題は情報の新鮮度である。情報が最新である

保証はなく、鮮度が常に問われてきた。過去の災害では、この問題が解決されないことがあったが、災害が起こるたびにこの種のサイトが立ち上げられ、技術の向上も相まって「情報の品質管理」が問われるようになった。

そのルーツは阪神淡路大震災にある。1995年1月に発生したマグニチュード7.3の大都市直下型地震は、6400名を超える死者を出した。当時、戦後最大規模の自然災害は、インフラや情報網をことごとく破壊した。その状況下で、インターネットによる情報発信やパソコン通信等による避難所情報など被害情報の伝達が行われた。

その後2004年に発生した中越地震では、NPOや自治体のホームページによる被災者への救援情報の提供が盛んになり、災害発生とともにITを活用したボランタリズムは社会に浸透していった。

2011年3月に発生した東日本大震災における被災地支援では、ブロードバンドや携帯電話網の整備など、ICTが過去の災害時に比べて格段に進化したこともあって、種々の試みが行われた。電源や通信網の喪失などの状況下で、ツイッターなどのSNSによる被災地からの情報発信や、Googleの「パーソンファインダー」やアマゾンの「ほしい物リスト」など、被災者のニーズに対応した仕組みがシビックテックの技術と熱意によって数多く生み出されたことは記憶に新しい。

また、Code for Japan（第3章参照）の関氏や東氏らによる「shinsai.info」は、地図上に被災者を救援する情報を適時掲載するなど、自治体や公的機関のデータを自発的に集めてオープンソースを活用して市民に提供する動きとして注目された。

東日本大震災の発生直後から福島県浪江町は、福島第一原子力発電所からの放射能被害を受けて、町民全員が退去を余儀なくされていた。人々は仕事や学業のために家族同

士でも離れて暮らさざるを得ず、役場機能もいわき市に移転せざるを得なかった。このような状況のもと、原発被害者としての救援情報や浪江町役場からの復興情報を町民にいかに届けるかが課題となっていた。関氏らは、町民1万世帯にタブレット端末を配布して情報提供する事業を庁役場とともに立ち上げ、それがCode for 浪江町（CfN）設立の契機となり、初めての自治体へのフェローシップ派遣となった。

　フェローは、町民のモニターによる意見を伺いながら、アジャイル開発（顧客の意見をすばやく取り入れて、短い期間でリスクを最小にする開発手法）を進めた。このような反復型のアジャイル開発に取り組み、揺れる被災地の人々への情報提供を支援した。さらに、東京電力のサイトからデータを利用して電力供給量を示すアプリも作成された【注19】。

　・災害対応の先進国に学ぶ——台湾の事例
　ITを駆使した災害救援は、日本だけではない。2016年2月に台湾南部の台南市を中心に発生したマグニチュード6.6の「台南0206地震」でも、台南市のオープンデータを活用したシビックテックがいち早く被害箇所や給水・配食箇所の情報をアップするだけでなく、地震で負傷した市内在住の外国人の入院および治療状況を掲載するなど、速報性・詳細性に富んだ情報が掲載された。
　「地図は非常時に使い始めるよりも、平常時から活用していることが重要」と述べるのは、オープンストリートマップ・ファウンデーションジャパンの飯田哲氏である。
　オープンストリートマップ（以下、OSM）の普及を推進している飯田氏は、「大規模自然災害が発生した際に、日本ではいろいろな救援情報が上げられるが、クライシスマッピングをするのであれば、データのライセンスやタグ付け

の付与、テンポラリーな情報の取り扱いなど、平常時に技術的やメンテナンス面やマップの有用性について、できることとできないこととを整理しておくことが重要である」と述べている。

　飯田氏が先進事例として紹介するのが台湾である。日本に比べて行政のオープンデータが進んでいる台湾では、災害が起きる前に整理すべき情報やテンプレートをHack Padなどを用いて整備している。平常時のイベントでも、誰がどのように動いてどんな結果がもたらされたかについて、記事やリンク集も含めて整理されている。このように文字（レファレンス）による情報共有を前提とするプロセスが文化として定着している。亜熱帯地域に位置する台湾では、毎年日本以上の規模で台風・洪水に見舞われるため、国民も災害対応プロセスが体にしみ込んでいる。今後、日本のシビックテックやOSMに携わるマッパーたちが、行政と協力しながら災害時の情報提供ルールの構築にも知見を提供して「災害対応リテラシー」の醸成に寄与することを期待される。

　日本では、デマや誤情報の影響の大きさを懸念するあまり、被害状況の正確性が速報性よりも重要視され、結果的に救援が遅れる場合もある。台南市民の災害情報に関する市民・事業者や行政のITリテラシーの高さが伺える。

　このように、被災自治体の情報システムの復旧や、急増した災害対応業務など、さまざまな支援がITエンジニアや団体によりなされたことも、シビックテックが災害対応に不可欠な機能であることを認識させられる。今後は、ITによる単なる復旧支援から、平常時・災害時に関わらず、地域の自治体などと連携して速やかにIT災害救援ができる体制の構築と人材の育成が不可欠である。

【注19】情報処理学会『浪江町におけるタブレットを利用したきずな再生・強化事業 − 住民参加型の課題定義から開発プロセスまで − 』(デジタルプラクティス論文賞 2016 年) http://www.ipsj.or.jp/award/dp_award.html

Chapter 2

時代が求めるシビックテック

2-0
第2章の冒頭にあたって
－必要とされるシビックテックの資質－

本章では、社会や地域の課題を解決するために、ITエンジニアたちが自らの技術と経験とを積極的に提供するボランタリーな活動を通じて成長する過程から、シビックテックに必要とされる資質とは何かを考察する。

　経済産業省は、「IT人材の最新動向と将来推計に関する調査結果～報告書概要版～」【注01】において、労働力減少時代のIT人材動向について、IT需要の増大にも関わらずIT人材不足は深刻化すると危機感を持っている。

　報告書によると、2019年をピークにIT関連産業への就労者は、91万8921人（2015年）から85万6845人（2030年）へと産業人口が減少するにつれて、退職者が入職（就職）者を上回り、IT関連産業界の人口は減少し続けると推計している。また、就労者の平均年齢は今後上昇し、2017年の39.5歳から2030年には41.2歳と高齢化が進むと推計している。今後IT関連産業界における人材の不足規模は、2015年の約17万人から2030年には59万人程度となると推計している。

　仮に、人材不足が充足されると、現在予測されている市場成長率も年率5.0％から8.0％と伸び率が高まることが予測されており、人材不足の解消は日本の産業の国際競争力の優劣を左右する喫緊に対処すべき課題である。

　一方、IT人材の数の充足だけでは解決できない問題がある。すなわち、人材の質の問題である。課題を自ら見出し、持てる技術を活かして、リーダーシップを発揮しなが

42 ▶▶▶ Chapter2　時代が求めるシビックテック

ら解決に導くことができるITエンジニアをどのように増やすか、である。これは技術経営（MoT：Management of Technology）の課題でもある。

その能力を持つ新たなIT人材像が「e-リーダーシップ」である。

e-リーダーシップとは、ICTを活用して発揮されるリーダーシップのことであり、ビジネスとICTの両方向から課題を効果的に解決するためのリーダーシップをさすとしている。

ヨーロッパでは、ITエンジニアの仕事が増え、2020年までにeスキルを持つエンジニア67万人の雇用を計画しているが、それ以上の急成長により75万6000人の雇用が必要であるといわれている。そのうち、現場で作業するITエンジニアは53万人が必要なのに対して、マネージャーレベルは22万6000人が必要とされている【注02】。

e-リーダーシップを発揮することにより、人々がICTを活用するスキルが向上するだけでなく、そのリーダーシップを持つ人材にビジネスモデルやイノベーションを創出する機会を導く役割が期待できる。その意味において、e-リーダーシップは、企業がICTを最大限活用して組織にイノベーションを導くとともに、価値創造をもたらす人材を確保することが企業活動にプラスになると期待されている。時代を先読みして潜在的なニーズをくみ取り、持てる技術でビジネス化するデザイン能力であるe-リーダーシップは、21世紀社会に不可欠な人的社会資本であるといえよう。

デジタル時代にふさわしい新たなビジネスを生み出していくためには、仕事の進め方や社会のあり方をゼロベースで刷新し、時代に適合するように自らを変える"デジタル・トランスフォーメーション"が重要になる。

なお、2017年のIT人材白書では、デジタル時代にふさわしい新たなビジネスを生み出す必要があり、社会のあり方や仕事の進め方を時代に適合するように自らを変えていく

行為である「デジタル・トランスフォーメーション」を行う「ビジネスとデジタルの知見」を有するリーダーの登場が待望されている【注03】。

【注01】経済産業省「IT人材の最新動向と将来推計に関する調査結果〜報告書概要版〜」（2016年6月10日）http://www.meti.go.jp/policy/it_policy/jinzai/27FY/ITjinzai_report_summary.pdf

【注02】e-Leadership（http://eskills-lead.eu/home.html）

【注03】「IT人材白書2017」概要
（https://www.ipa.go.jp/files/000059087.pdf）

2-1
シビックテックとは
－その定義と活動の概要－

最近、「シビックテック」という言葉をよく耳にするようになったが、どのような活動をさすのか。その活動分野や関わる人の役割を見ながら、現在複数あるシビックテックの定義を紹介する。

21世紀の社会を変えるには、ITを活用した不断のイノベーションが不可欠であり、IT人材がなくてはならない存在である。以下では、シビックテックの定義やその活動概要を紹介し、その重要性を検証する。

シビックテックの定義は、まだ十分に確定しておらず、諸説ある。

Wikipediaによると、Civic Technology（シビックテクノロジー）を「市民が公的な関係の強化や協働と参画のために、より強靭な開発や、市民のコミュニケーションの質を高め、政府インフラの改良、公的な利益の改良を可能とするテクノロジーである」と定義している【注04】。

一方、e-Bayを創設したピエール・オミダイヤ氏が設立したOmidyar Networkの定義によると、シビックテック（シビックテクノロジー）とは、「市民にエンパワー（権限移譲）する、または、政府へ十分に効果的にアクセスしやすくすることを支援するために使われるあらゆる技術をさす」としている【注05】。

Microsoftのシビックテック部門のディレクターであるマット・ステムペック氏は、定義は多様であると前置きしたうえで、シビックテックとは、「公共の利益のために技術を使うこと」や「少数ではなく、多くの人々の生活を改善

45

するために使われるあらゆるテクノロジーである」と述べている【注06】。

　米国のナイト財団の報告書によると、「シビックテックは1つの集合体」であると述べている。すなわち、①企業財産との共創、②政府のデータ、③コミュニティ組織化、④ソーシャルネットワーク、⑤クラウドファンディング、等の要素が有機的に結合したのが、シビックテックのフィールドであるとしている（図2-1）。

図2-1　シビックテック要素の集合体イメージ図（出典：Knight Foundation "The Emergence of Civic Tech：A Convergence of Fields" をもとに筆者作成。Night Foundation.org）

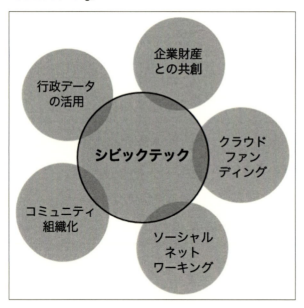

　本書では、シビックテックの定義について広く技術一般とするのではなく、IT関連の技術と知見を有し、自らの意思で市民とコミュニケーションおよびネットワーキングしながら公益となる解決方法を模索し、共創する人々をシビックテックと呼ぶ。

デジタル世代のシビックテックは、ハードウェアだけでなく、アプリケーションなどソフトウェアが課題解決する領域が拡大している。さらに、オープンソースコードを活用することにより、市民の共有資産とする役割も果たすことができる。

　本書のタイトルである「シビックテックイノベーション」活動とは、産学官民が自らのモチベーションで、各自が持つ技術と経験とを活かし、社会地域の課題を解決することを目的として、人々が共感して共創する結果、社会の厚生に革新をもたらす活動をさすと定義する。したがって、活動に参加するのはITエンジニアだけに限らず、まち作り活動を企画・実践する人々、デザイナー、行政職員など多様な人々を含む。

　この活動プロセスは、伝統的な統治の概念を超えて、政治家や市民と行政とが意思決定するためにやり取りする概念を示す「オープンガバナンス」である【注07】。それらは、民主的な権利、推進組織と政策、デジタルツールと公開データから構成されている。

　シビックテックイノベーションは、市民によるアプリの開発・活用や、政府を支える情報プラットフォームの構築・改善、ならびにそれらに関わる法社会制度の設計構築やその他のソフトウェア開発と活用も含むと広く解釈する。

　これらのオープンガバナンスの実現に必要な要素を踏まえて、シビックテックの活動を公式化すると以下となる。

	ソリューション（市民サービス向上）
市民ニーズ×IT×オープンデータ　⇒	オープンガバナンスの推進
	新たなビジネス領域・雇用の創出

　ただし、アウトカムはソリューションだけでない。共創によるコミュニティやネットワークの形成、オープンソースやアプリの共有、行政データの整理・公開やオープンガ

47

バナンス推進に関する制度整備など、多くの副次的な産物がもたらされる建設的なものである。

【注04】https://en.wikipedia.org/wiki/Civic_technology

【注05】出典：「Engine of Change」（Omidyar Network）http://enginesofchange.omidyar.com/docs/OmidyarEnginesOfChange.pdf

＜原文＞ "civic tech to mean any technology that is used to empower citizens or help make government more accessible, efficient, and effective."

【注06】
https://blogs.microsoft.com/on-the-issues/2016/04/27/towards-taxonomy-civic-technology/#sm.00009vi4ezr36dts11qwlrm6nluuo

【注07】Transperancy International UK（http://www.transparency.org.uk/who-we-are/）

2-2

シビックテック活動の対象による分類

シビックテックの活動の相手方は誰なのか。また、活動範囲はどのようなものか。広がるシビックテックの活動を概観することにより、具体的なステークホルダーとその関係性が見えてくる。

　日本のシビックテック活動は、活動を働きかける対象別に分類すると、大きく3つ分けられる。

(1) 市民エンジニアが、市民のためにボランタリーに技術を提供して解決手法を生み出すC2C活動
(2) 行政サービスの向上を求める市民自らが提案して、サービス向上を先導するC2G活動
(3) 市民エンジニアが、行政サービスの改良や効率化を提案し、技術を提供するGov Tech活動

などがある（図2-2）。
　(1)(2)は、草の根的な市民活動であり（グラスルーツ系）、(3)は行政とのコラボレーションである。

(1) C2C：(市民《シチズン》から市民へ) 市民の技術による市民の利便性向上
　　例：ハッカソン、コミュニティ作り、データ活用コンテストなど
(2) C2G：(市民から政府へ) 市民の技術による行政サービスの利便性向上
　　例：オープンデータ推進、市民協働コミュニティ作り、

アクセシビリティ改善（自治体Wi-Fi）、市民サービス向上、クラウドソーシング、政府の透明化など
(3) Gov Tech：（政府サービスの効率化）市民の技術による行政サービスの向上
例：データ分析、電子政府、選挙管理、インフラ高度化、調達、雇用など

図2-2　シビックテック活動の対象と活動事例（CはCitizen、GはGovernmentをさす。著者作成）

（1）〜（3）の活動に共通する目的は、市民エンジニアの技術による公共・公的サービスの向上であり、市民自らが改善案を提案し、その持てる技術を提供する結果、多くの市民がその恩恵を享受するという、共通利益を協働して創る動きである。シビックテックの介在により、市民のエンパワーメント（社会や組織の各人が、発展・改革に要する力をつけること）が増加していく。

2-3

シビックテックの活動内容による分類

シビックテックの活動をステークホルダー（市民）側からの目線で見ると、そのサービスやメリットが見えてくる。本節では活動を4つに分類し、次節2-4以下で具体的な内容例を見る。

シビックテックの活動内容別に見ると、大きく分けて、地域コミュニティの課題解決をめざすものと、技術力向上をめざすもの、社会一般の課題を解決しビジネス展開をめざすもの、行政との協働により変革をめざすもの、とに分類される（図2-3）。

図2-3　シビックテック活動の項目別分類例（シビックテックへのヒアリングをもとに筆者作成）

①地域コミュニティ 課題解決	②IT力向上	③社会課題解決	④行政との協働
・地域防災活動応援 ・自治会活動応援 ・地域活性化支援	・オープンソース コミュニティ ・プログラミング教育	・子育て支援 ・介護・福祉支援 ・交通弱者支援	・業務改善提案&相談 ・コーポレートフェロー ・オープンデータの推進

2-4

地域コミュニティの課題解決を
めざす活動

地域住民が解決しなければならない課題は、年々増加している。
解決には多大なエネルギーを必要とするため、事務的な案件は
できる限り効率的に処理できることが望ましい。シビックテッ
クは、地域にどのように貢献できるだろうか。

　近隣の人々とのコミュニケーションが希薄となった現代
では、自治会など地域活動の多くは高齢者が担い、現役労働
者世代（おおむね20〜65歳）が参画することは少なく、一
部の高齢者である住民の負担となっている。その結果、地
域の回覧板や情報発信、事務処理の多くがアナログベース
となり、自治会役員にとって負担が大きくなっている。そ
のことが「負担増⇒役員の担い手減」の負のスパイラルと
なり、自治会加入住民の減少など、地域の結束力や活性化
が難しい状況となっている。また、地域の要援護者や児童
を無償で支援する民生委員や児童委員も、高齢者の増加や
児童の環境の複雑化により、かつてない厳しい状況となっ
ている。

　前節で見たように、シビックテックが登場する背景には、
わが国のさし迫った解決すべき現状への対処がある。超少
子高齢化と人口減少による慢性的な労働力不足の時代を迎
えた日本が直面している課題は、手がさしのべられにくい
最も弱い地域・現場に現れる。例えば、都市への集中現象
による地方の衰退や、限界集落の発生や地域活動の低下、
あるいは慢性的な人材不足にあえぐ高齢者の介護福祉現場
からの悲鳴は、解決が急がれる日本社会全体の課題である。

疲弊する地域の現場を支援するシビックテックのミッションには、以下の例がある。

ミッション1：衰退する自治会・町内会の地域活動を支援

　わが国では、高齢化や核家族化の伸展により、自治会や町内会の組織率の低下が止まらず、地域活動が滞り、コミュニティが成立できない地域が増加している。その結果、住民への情報周知・伝達が徹底せず、役員の確保が難しい。また、行事・イベントへの参加者が減少し、行事・イベントの準備・開催の担い手が少なくなっている。これらは、地域活動の大きな課題である。

　その原因として、役員の高齢化や1人暮らしの世帯の増加などに加えて、核家族化や若年層の関心・参加する意欲が低いことなどが挙げられる。

　標準的な自治会活動とそれに伴う事務の一例は、次のとおりである。住民相互の親睦、生活環境の維持・改善、福利厚生の向上、相互信頼と生活秩序の確立、生活文化の向上、地域防犯防災活動の推進、青少年の健全育成、公共機関などとの連携、地域交通活用と市民の足確保などの課題への対策など、広範囲にわたる。

　平常時だけではない。東日本大震災や阪神淡路大震災など、大規模災害時にも避難所運営や支援物資の配布など、細やかな支援を行う地域コミュニティの重要性が叫ばれている。

　しかし、「災害に備えた民生委員・児童委員活動に関する調査−来たるべき巨大災害に立ち向かうための現状と課題−」報告書（兵庫県民生委員児童委員連合会、神戸市民生委員自動委員協議会、公益財団法人ひょうご震災記念21世紀研究機構、2017年3月）【注08】によると、災害時の要

53

援護者に対する救援が負担となっている民生員が6割に上るとの報告がある。

　これらの事務を担当する市民が、高齢化や自治会活動の組織率低下により、十分役割を果たせず、活動を縮小せざるを得ない状況にある点は見過ごせない問題である。多くの自治体では、これらの事務を委託したり、指定管理者に委ねたりせざるを得ない状況にあるが、より深刻な「住民自治」が成立しない地域が今後増加する【注09】。

　地域活動が疲弊した根本的な原因は、コミュニティへの帰属意識の少なさ（なさ）に由来する「自分ごと」意識の欠如といわれていたが、超高齢化・人口減少社会では、より効率的な地域経営が不可欠である。

　だからこそ、異なる視点で共感して取り組める人材の参加が求められるのである。例えば、高齢者見守りや非常時の情報伝達のあり方、地域防災福祉マップ作りなどにも、ITが支援できる領域は大きいと思われる。

ミッション2：疲弊する地域の介護・福祉施設の労働環境の未来を支援

　厚生労働省の「平成25年度介護労働実態調査」によると、2000年の介護保険制度施行後、介護職員数は増加しつつあるが、2025年のいわゆる団塊世代が後期高齢者となる超高齢化社会では、有効人倍率は年々上昇しても離職率は他の産業と比べてやや高く、慢性的な職員の不足が叫ばれている【注10】。

　高齢者が急増している日本の介護福祉の現場では、スタッフが仕事の過酷さに悲鳴をあげている。精神的にも肉体的にもハードな現場は、コンピューターやネットワークは完備していても、それをフル活用する余裕がないのが現状である。過度の労働環境に置かれる介護スタッフの離職

率も高い。

　筆者は親が介護付老人施設に入所していた縁で、介護福祉士や施設管理者と話す機会が多かったが、施設に入所している高齢者を24時間介護する際に個人の記録を取るのは、結局のところ紙と鉛筆であった。その理由をたずねると、「介護は全身で行うので、両手は常にふさがり、タブレットに入力することはできない。また、入所者1人1人の床ずれの場所や病状を記録するのは、鉛筆を使ってフリーハンドで描くのが最も効率的」との理由であった。記録された用紙は、後日事務員がエクセルデータに入力し直す手間をかけていた。

　筆者が訪問調査した民間の介護施設では、少ない介護・看護職員が入所者の介護・看護記録を紙ベースで処理するため、記入作業時間に多くの時間を取られている。また、介護保険の点数計算はパソコンで行われているが、職員の労務管理において、勤務表やスケジューリングを紙ベースで処理する結果、1人の職員の急な欠勤に対応するために多くのエネルギーが費やされ、職員のストレスを増長させると述べていた。

　最先端の高度なITを駆使する医療施設と異なり、小規模介護施設におけるIT導入は進みにくい現状がある。元来労働生産性の向上が難しく、評価指標も定めにくい職場であるため、施設職員の事務負担の軽減をITで貢献できる余地がある。

　民間介護施設の多くは中小企業であり、財政上の問題に加えて職員数は慢性的に不足している。ITの知識が豊富な職員が多いとはいえず、職場のIT導入計画について相談できる窓口もなく、相談する時間もない。

　しかし、音声入力やプルダウン入力など、ITを活用した記録方法は、鉛筆と紙よりも効率的であるにも関わらず、アナログを選択せざるを得ない個々の施設の理由もあるだろう。介護関連のソリューションは、急速にビジネス領域

を拡大しつつあるが、アプリの活用方法を指南するだけで
も救われる職場は多いと思われる。現場の実態を知り、身
近な解決策を提案することは、大手ベンダーにも行政にも
手の届きにくい領域である。

　現状では、シビックテックが直接介護福祉の現場を訪ね
て解決方法を提案する機会や、現場からのIT導入の相談
もほとんどない。これは、介護現場が多忙であること、現
場の声が外に届きにくいことに加えて、相談できるシビッ
クテックに対する社会の認識が浸透していないことも起因
している。今後自宅介護や看取りをする市民が増えれば、
この問題は確実に各家庭が抱える大きな社会問題に発展す
る。シビックテックと介護福祉の現場との橋渡し（ブリッ
ジング）が急務である。高齢者介護施設や社会福祉施設に
こそ、ITの恩恵を受けられるアドバイスと支援とが必要な
のである。シビックテックが、介護するスタッフを支援し、
介護・福祉現場の負担軽減と生産性の向上とに一陣の光と
なることを期待する。

【注08】 https://web.pref.hyogo.lg.jp/kf28/documents/zentaiban.pdf
【注09】 総務省「今後の都市部におけるコミュニティのあり方に関す
る研究会」報告書（2014年3月）http://www.soumu.go.jp/main_content
/000283717.pdf
【注10】 出典：厚生労働省「平成26年度介護事業経営実態調査」

2-5
IT力の向上をめざす活動

現代のITは秒速で進化しており、今日の世の中の標準的な技術が明日には陳腐化することは珍しくない。一方で、そのテクノロジーを扱うためのルールや倫理観の変化へも対応があわせて求められている。

　シビックテクノロジーは、オープンソースを活用してソリューションを生み出すために、エンジニアたちによる絶え間ない改良が加えられている。そのための技術コミュニティも無数にあり、活発な意見やプロトタイピングの紹介など、さまざまな情報交換がなされている（エンジニアのコミュニティについては、章末の＜Column②＞をご参照いただきたい）。

　生み出された技術は、用途別に利活用事例とともに蓄積され体系化されて、エンジニアだけでなく、市民やプログラミングの初心者にも利用しやすく整理されることが必要である。

　また、巻頭でも述べたように、世界中での慢性的なIT人材不足に対処するためにも、コンピューターサイエンス教育やイベント開催により、IT人材の裾野を広げていく普及活動の担い手としての役割も負っている。第1章でも紹介したGitHubや、C言語のような技術コミュニティがその役割を担い、プログラミング教育普及活動には、CoderDojoやDjango Girlsのほか、Hour Code など世界的な組織もある（第1章参照）。

2-6
社会課題の解決が期待される活動

地域における社会課題は、市民生活でのニーズをミクロの視点で捉えることが不可欠である。本節では、地域コミュニティの活動を支援するために、どのようなソリューションやアプリが期待されるかを見る。

　シビックテックは地域課題の解決にあたり、ブリゲイドのように地元密着型の活動を展開することにより、地域社会経済の活性化とコミュニティを提供したり、自らの雇用を創出したりできる潜在力と機会とを持つ。

　種々の市民活動において発生する課題に対し、データやITを用いて活動が期待される領域のイメージを示したのが、以下の図2-4である。

図2-4　社会活動における事務例とシビックテックの活動が期待される領域のイメージ（WEBやシビックテックへのヒアリングにもとづき著者作成）

安全安心	・防犯・防災対策 ・生活環境維持改善	安全・安心メール、見守りサービス 街灯マップ、AEDマップ
生活文化	・生活文化向上 ・公共交通の充実	ゴミ出し分別日程検索アプリ 地域バス交通の効率化
福利厚生	・福利厚生向上 ・住民相互親睦	ポータルサイト 回覧板の電子化、WEB化
青少年育成	・青少年健全育成 ・公共機関との連携	スマホ使い過ぎアプリ 子育て応援アプリ、保育園空き状況

地域の必要に応えるアプリとは

　防犯・防災など、いわゆる安全安心分野においては、地域住民向けの安全・安心メール配信サービスなどがあるが、情報機器の取り扱いが苦手な人が多い高齢者や情報弱者には情報が届きにくい傾向がある。災害時や非常時だけでなく、平常時にも情報を送受信するためには、普段から「顔の見える関係」があることが基本である。IT機器を中心とするのではなく、地域住民の交流関係を基本とすることが重要である。

　地域の防災活動に、具体的な人間関係を作ることに着目した見守りアプリは有用である。防災アプリの多くは情報提供に主眼を置いているのに対し、双方向の関係性を構築・維持することを目的として、災害時にも利用できる発想からのアプリは少ない。このタイプのアプリは、住民同士が事前に面会して登録し、お互いの顔を覚えておき、災害が発生したときに登録し合った者同士が、位置情報の提供機能により安否確認や救助活動を速やかに展開可能なように情報交換できる。各人は、災害時の安否確認に役立つアプリの技術と、平常時からの地域での人間関係があってこそ、初めて効果が出ることを認識させられる。

　地域のコミュニケーションツールとしてシビックテックが制作する見守りアプリが、災害時のクライシスコミュニケーションにも役立つことも期待したい。

2-7

行政との協働
－オープンデータは現在どこまで使えるのか－

オープンソースを使うシビックテックにとって、活用できる公開データ（オープンデータ）は不可欠である。近年、国や自治体はオープンデータを整備しつつあるが、どのようなデータが蓄積・公開されているかを概観する。

　市民サービスの向上のためには、社会や地域の課題を把握し、その解決手法を模索することが必要である。その過程で必要な要素は、ICTでありデータである。

　ここでいうデータとは、行政が保有・公開するデータ（オープンデータ）や事業者が保有するデータも含まれている。特に、オープンデータとは、公的機関が保有するデータを活用して新たにビジネスやサービスを創り出すために、CSVやXML、RDFなど機械判読できる形式で提供されるデータをいう。オープンデータは、クリエイティブコモンズのように、一定の条件の下で自由に利用できる国際的なルールに従って、インターネット上で公開されている。

　行政や企業のデータ活用が求められるようになった背景には、2009年に米国のオバマ前大統領が、「本来、行政の情報は国民のものであり、政府（国・自治体）は積極的に公開することで、透明性、国民参加、官民連携など、行政の透明性や事業者の利便性の向上、市民サービスの向上をめざすべき」と、市民中心（Citizen-Centric）のオープンガバメントイニシアチブ【注11】を提唱したことによる。すべての人に開かれたオープンガバメントは、インターネットを通じて、市民参加型（Citizen-Driven）のサービス実現

60 ▶▶▶ Chapter2　時代が求めるシビックテック

をめざすもので、参画、連携、透明性の3要素からなる。

このイニシアチブを受けて、オープンガバメントの構築が世界的な課題となった。2013年にはオープンデータをさらに加速するための「プロジェクトオープンデータ」【注12】を発表し、プロジェクトが「オープンデータの恩恵を国が悟ることを知らしめるパートナーとして各地にいるイノベーターたちの創造力を掻き立てる」と位置付けている。

2013年のG8サミットでも各国首脳が「オープンデータ憲章」に合意し、オープンデータを各国で推進することを決めた。その内容は、①データは基本的に公開、②質と量を確保、③誰もが利用可能、④ガバナンスの改善、⑤イノベーション創出をめざす、ためにオープンデータを整備すると定めている【注13】。そして、憲章の後半に「将来のデータ・イノベーターたちに機械判読可能な形式でデータを提供して権限を与える "Empower a future generation of data innovators by providing data in machine readable formats."」と記して、シビックテックの活躍を期待している。

日本においても、国や地方自治体のオープンデータのカタログサイト（行政データを整備・利用しやすい形式で公開するサイト）の蓄積・公開が進みつつある。ここで留意しなければならないのは、行政が市民・事業者のニーズを把握しないままデータを公開しても、利用が自然と進むものではないということである。データを蓄積・公開するのは、市民の課題解決をめざすためであり、市民・事業者のニーズがあること、利活用しやすい行政の公開データであることが必須である。

日本の国・自治体のオープンデータ・オープンイノベーションをめぐる動き

　その点において、内閣官房が提供するRESAS（Regional Economy Society Analyzing System：地域経済分析システム）【注14】のように、政策決定にいろいろなデータが活用しやすい形で提供されており、企業や自治体がデータを活用する環境整備は急速に進んでいる。

　国土地理院は、保有する地図や各種地形図データなどの地理空間情報をWEB上で公開している。多くの地図データを公開するだけでなく、オープンデータとして提供されている地理空間情報の活用のオープンイノベーションを推進するため、国土地理院、受託開発者、ツール提供者が参加するネットワークにより情報共有や意見交換をしている場である「地理院地図パートナーネットワーク」【注15】も設けている。これらの地図やデータはソースコードをGitHub上に公開している【注16】。

　また、「地理空間情報活用推進基本法」（2007年）にもとづき、国と自治体や関係事業者、大学との連携を図り、地理空間情報の活用を推進するために、地理空間情報の提供だけでなく、公共測量に関する技術的助言や人材育成の支援を行っている。

　環境整備が進む一方で、他の先進国と比較すると、オープンデータに取り組んでいる自治体の数は、2017年1月末日現在で全1788自治体中333自治体（19％）、計画中233自治体（13％）と合わせても32％と少なく（未公開は1222（68％）自治体）、データ利活用はいまだ途上にある【注17】。

　シビックテックは、オープンデータを活用して市民に役立つアプリを作成するなど、オープンデータの推進役として貢献することが期待されている。しかし、そのきっかけを作ることは容易ではない。その理由は、自治体内にデー

タ整理・公開の必要性の意識が低いこと、現状では市民・事業者も活用したい公共データが少ないことなどが挙げられる。

そこで公開データの整備と活用をもっと図るために、国から「オープンデータ伝道師」の指名を受けて、行政データの活用普及に奔走しているシビックテックがいる。オープンデータ伝道師には、表2-1の8人が指名されており、担当する各地域の自治体やオープンデータ関連団体とともに、普及活動を展開している。

表2-1　オープンデータ伝道師（2016年4月現在、敬称略）出典：総務省ホームページを参考に著者作成（http://www.kantei.go.jp/jp/singi/it2/densi/kwg/dai4/siryou1-2.pdf）

氏　名	主な活動内容
藤井靖史	Code for AIZU創設、会津若松市とITを活用した地域課題解決に貢献
越塚　登	政府施策の検討推進、各地の交通分野のオープンデータを積極的に推進
庄司昌彦	内閣官房IT戦略室のカタログサイト＆ダッシュボードパッケージ導入
関　治之	Code for Japan代表理事、東日本大震災での「shinsai.info」を構築・提供
村上文洋	オープンデータ＆ビッグデータ活用・地方創生推進機構事務局中心メンバー
新井イスマイル	オープンデータを活用した地域課題解決アプリ（Night Street Advisor）を制作・提供
福野泰介	鯖江市のオープンデータ積極活用と事例の全国展開を推進
牛島清豪	佐賀県内のオープンデータによる地域課題の解決を推進

オープンデータ伝道師は、自治体のITによる市民サービスの向上策や、データを活用した庁内課題の解決、行政過程の透明性向上の推進など、公共分野や地域でのイノベーションを支援する新しい公的な役割を担う。伝道師は、実

際に自治体に出向いて、オープンデータの取り組み方や手法について指導助言や、メンターとなって職員の意識を改革するために研修を実施する。

　今後伝道師の活動を契機に、さまざまな地域でそのシビックテックによる地域独自の伝道師が新たに生まれてくれば、データを活用した市民活動が拡大することが期待できる。

　伝道師制度のほか、行政と連携協調を取りながらオープンデータの活用を推進する主な組織の例として、第3章で紹介するCode for Japan（CfJ）と各地のブリゲイド、VLED、OKJP、JIPDEC、BODIK、LinkDataなどがある（表2-2）【注18】。

　このほか、しずおかオープンデータ推進協議会や九都県市首脳会議のように、自治体同士が自ら連携してオープンデータ推進に取り組む団体もある。また、市民自らが取り組んでいる団体として、横浜オープンデータソリューション発展委員会がある【注19】。

　さらに、企業が推し進めている団体である、一般社団法人社会基盤情報流通推進協議会が開催するコンテストである「アーバンデータチャレンジ」や、企業が提供するAPI（Application Platform Interface）を使ってソリューションを競い合う「マッシュアップアワード」など、シビックテックが関わるデータ活用グループやイベントの数は年々増加している【注20】。

　このように、オープンデータを活用する環境整備が国・地方で進みつつある現状をさらに加速するために、2016年12月に施行された「官民データ活用推進基本法」【注21】がある。この法律は、情報の円滑な流通、新事業の創出、国際競争力の強化を図り、また、行政の効果的かつ効率的な行政の推進に資することを目的としている。また、行政のみならず、企業のデータもあわせて活用することが求められており、企業も積極的な情報提供することが求められて

64 ▶▶▶ Chapter2　時代が求めるシビックテック

表2-2　日本の主なオープンデータ推進関連団体一覧
（各種資料・各ホームページをもとに筆者作成）

名　称	主な活動内容
一般社団法人オープンデータ活用・地方創生推進機構（VLED）	オープンデータ・ビッグデータ推進に向けた課題解決の研究、運用ルール・技術仕様の策定、資格制度運営など。旧オープンデータ流通推進コンソーシアム
オープン・ナレッジ・ファウンデーションジャパン（OKJP）	インターナショナル・オープンデータ・デイの開催。オープン・ナレッジ・インターナショナルとの連携
一般社団法人日本情報経済社会推進協会（JIPDEC）	自治体がオープンデータとして公開する価値が高いデータ項目について評価基準を設定する、オープンデータセンサスステップアップガイドを作成して普及を促進
ビッグデータ＆オープンデータ研究会in九州（BODIK）	ビッグデータやオープンデータの推進、人材育成、人的ネットワークの構築などを行う。自治体向けのデータカタログサイトの無償提供サービスも行う
一般社団法人リンクデータ	地域データの変換と公開を地域資源として紹介。エンジニアでなくてもデータを公開して共有できるノウハウも提供。City.data.jpを運営

いる。

　この法律を受けて、自治体でも活用に向けた環境整備の動きが出始めている。議員立法により成立した「横浜市官民データ活用推進基本条例」など、各地で条例化や基本計画が策定され始めている。

　さらに、2017年5月30日に改正個人情報保護法が施行され、官民がデータの利活用を推進するために、個人が特定できないように加工した「匿名加工情報」により自由に提供が可能となった。

こういった背景のもと、今後行政のデータ公開が進み活
用事例が増えると、自治体は市民や企業からよりいっそう
のデータ整備・公開要求を受けるとともに、自治体側から
も地域の企業にデータ公開を呼びかけるものと予測される。
シビックテックは、データ活用の有効性を啓発し、ともに
創る活動に関わることで、市民への浸透を担う役割も期待
される。

　【注11】「Open Government Initiative」
https://obamawhitehouse.archives.gov/open
　【注12】「Project Open Data」
https://obamawhitehouse.archives.gov/blog/2013/05/16/introducing-proje
ct-open-data
　【注13】「Open Data Charter（2013）」
http://opendatacharter.net/resource/g8-open-data-charter/
　【注14】RESAS（https://resas.go.jp/#/13/13101）
　【注15】地理院地図パートナーネットワーク（http://ccpn.gsi.go.jp/）
　【注16】GitHubに あ る 地理院提供のソースコード
（https://github.com/gsi-cyberjapan/gsimaps）
　【注17】「自治体アンケート調査結果」（内閣官房情報通信技術（IT）
総合戦略室、2017年2月16日）http://www.kantei.go.jp/jp/singi/it2/se
nmon_bunka/data_ryutsuseibi/opendata_wg_dai2/sankou2.pdf
　【　注18】VLED：http://www.vled.or.jp/about/／OKJP：http://okfn
.jp/home/aboutus/／JIPDEC：https://www.jipdec.or.jp/／BODIK：
http://www.bodik.jp/about/／LinkData：http://linkdata.org/home
　【注19】しずおかオープンデータ推進協議会：http://opendata.shizuoka.jp/
　九都市首脳会議：http://www.9tokenshi-syunoukaigi.jp/activity/res
ult/post.html　横浜オープンデータソリューション発展委員会：
http://yokohamaopendata.jp/
　【注20】一般社団法人社会基盤情報流通推進協議会「アーバンデータ
チャレンジ」：http://urbandata-challenge.jp/　マッシュアップアワー
ド：http://mashupaward.jp/
　【注21】「官民データ活用推進基本法」http://www.kantei.go.jp/jp/sing
i/it2/hourei/pdf/detakatsuyo_gaiyou.pdf

＜Column②＞　GitHubとホワイトハウス

シビックテックの活動は、オープンソースと公共データとの関係が深い。すなわち、誰もが利活用できるオープンソースを使い、新たな解決法を提示する。オープンソースは、エンジニアの集合知であり、常時改良されている。

コミュニティへの参加を通じて、課題解決に協力するほか、ITエンジニア相互の交流による技能向上や、後述する次世代や女性向けのプログラミング教室の企画・運営などがある。一例を挙げると、C言語など言語ごとのコミュニティやLinuxやUnixなどのオープンソースコミュニティがあり、エンジニア間で技術や利用ルールの取り決めを行っていた。昨今では、コミュニティが連携したイベント（例：オープンソースカンファレンス）の開催や、GitHubコミュニティの動きが注目されている。

GitHubは、ソフトウェア開発のための共有ウェブサービスであり、GoogleやMicrosoftなどの世界的な大企業が製品開発のバージョン管理にGitHubを使用している。ホワイトハウスでも、過去に多くのソフトウェアの二重投資をしていたのが、GitHubの導入により、重複をなくして大幅なコスト削減をオバマ大統領時代に実現している。政府（国・自治体）のIT投資の原資は、国民の税金により負担される以上、最適なROI（投資効率）を明確にすることが求められるため、このような技術が必要とされている。

オバマ大統領は、2015年5月、ホワイトハウスの「ポリス・データ・イニシアチブ・プロジェクト（PDI）」を立ち上げた。PDIに参画したホワイトハウスのデジタルサービス部門に所属するクラレンス・ワーデル博士たちは、ホワイトハウスを24時間警護する監視カメラや、警察官の身体に装着したボディビデオカメラなどから得られたデータを、その透明性と説明責任を担保しながら活用するには

どうすれば良いかを提案した。クラレンス氏は、PDIにより米国各地の警察署の活動の透明性を進めるために、オープンデータをどう活用するかを検討する過程で、Code for Americaや各地域のシビックテックがどのように貢献したか、また、「データは市民のもの」と警察にいわしめるほど警察の意識が変化したかについて述べている（GitHub Universeにおける講演、2016年9月14日）【注22】。

　こういった形で、シビックテックは、中立公平な立場から最適な技術を的確に判断することで、行政と協調しながら政策実施の現場を支援する重要な役割を果たすようになっている。米国では、シビックテックの役割が中央政府だけでなく地方政府にも拡充している。この流れは、わが国の場合、国と一部の自治体とで同時に進行している。次章ではその潮流を紹介する。

【注22】http://githubuniverse.com/2016/program/sessions/#developing-os

Chapter 3

日本のシビックテックイノベーション

－ Code for Japan の活躍－

第3章の冒頭にあたって
－日本ではどのような活動が進んでいるのか－

本章では、日本の代表的な組織である、Code for Japanと地域のブリゲイド（後述）の活動事例をもとに、その活動が各地域の社会にどう貢献しているかを紹介する。

「私の経験上改革は首都ワシントンの内側からは何一つ起こらない。ワシントンの外にいる善良な人々が変革を求めて立ち上がり、それが組織となって精力的に行動しない限り、無理なのだ。あなたと、あなたのような他の人々が、社会を変えてみせると決心しない限り、この国を本当に変えるような意義あることは起こるはずはない」【注01】

　米国の経済学者であり、クリントン政権下で労働長官も務めたライシュ氏が、暴走する資本主義が格差を生じさせているのを止めることができない政府について述べた言葉である。格差を是正するのは政治家や行政ではなく、市民1人1人が行動することの重要性を述べている。

　日本でも「あなたのような他の人々」が、精力的に行動し始めている。

【注01】Robert B.Reich "Beyond Outage"（ロバート・ライシュ著『格差と民主主義』6ページ、雨宮寛、今井章子訳、東洋経済新聞社、2014年）

3-1 「ともに考え、ともに作る」
ーCfJ活動の概要ー

CfJはどのような理由と経緯により設立されたか、また、そのミッションは何か。日本でも黎明期から活動期に入ったシビックテック活動が、各地でどんな成果を生み出しているかを紹介する。

「ともに考え、ともに作る」をコンセプトに、市民が主体となって、自分たちのまちの課題をITで解決するコミュニティ作りや、自治体への民間からの人材派遣などにより、ITを活用しながら解決する場作りを行う団体がCode for Japan（CfJ）である。CfJは、2013年10月に一般社団法人として設立された。

図3-1　CfJの活動概念図（資料提供：Code for Japan）

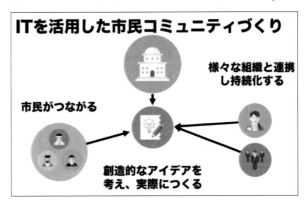

CfJは、第4章で述べるCode for America（CfA）の事業と基本的には同じ活動を展開しているが、日本独自の課題

に対して独自の活動を展開している（図3-1）。すなわち、ITを活用したコミュニティ作りを目的として、市民と行政・企業・事業者などさまざまな組織と連携し活動を継続することにより、地域課題が共通認識され、課題に向けた創造的なアイデアが出され、そのソリューションを実際に作ることで課題が解決される。その過程を通じてさらに市民がつながっていく流れ（コミュニティ）が生まれるというものである。

　現在取り組んでいる主な事業に、ブリゲイドとフェローシップとがある（第4章参照）。

　CfJ設立以降の主な沿革を表3-1に記す。

表3-1　Code for Japanの沿革（主な活動）（出典：CfJ資料より著者抜粋）

2013年10月	一般社団法人　コード・フォー・ジャパン設立
2014年4月 同年7月	福島県浪江町とアプリ開発等のコンサルティング契約締結 福島県浪江町に民間人材派遣開始（復興庁任期付職員として採用）
2014年10月 同上	Code for Japan Summit 2014開催（東京大学駒場キャンパス） 福井県鯖江市へコーポレートフェローシップ（以下CF）派遣（SAPジャパン、NPO法人コミュニティリンク）
2015年6月 同年11月 同年12月	神戸市へCF派遣（ヤフー㈱、NPO法人コミュニティリンク） Code for Japan Summit 2015開催（豊島区役所旧庁舎） 横浜市へCF派遣（三菱総合研究所、富士通研究所） 福井県鯖江市へCF派遣（NECソリューションイノベータ（株））
2016年1月 同上 同上	神戸市へCF派遣（ヤフー（株）、コープこうべ） Code for Japan Summit 2016開催（横浜市金沢区庁舎） 千葉県など8自治体へCF派遣
2017年4月 同年9月	福島県浪江町とアプリ開発等のコンサルティング契約締結（4年目） Code for Japan Summit 2017開催（神戸市しあわせの村）

　そして、日本国内各地のブリゲイド活動を表3-2に記す。

　ブリゲイドとは、地元自治体と協働しながら知見や持てる技術を使って地域の課題を解決する、オープンガバナンスや市民活動に関心の高い地域の組織である。

　2017年6月現在、国内には、40のCfJ公認のブリゲイドがあり、数多くの市民やシビックテックが関わっている。国内の主なブリゲイド名を図3-2に記す。公認準備中は34

72　▶▶▶ Chapter3　日本のシビックテックイノベーション

表3-2 日本国内各地域の（ブリゲイド）活動 Code for X（Xは地域名）拠点（2017年6月現在）（Code for Japanのホームページおよびインタビューにより筆者作成）

地方名	公認（40）	公認準備中（34）
北海道	札幌市、函館市	室蘭市、森町
東北	塩竈市、会津市、郡山市、浪江町	青森県、秋田市、白河市
関東	茨城県、埼玉県、柏市、千葉市、流山市、東京都、世田谷区、豊島区、調布市、八王子市、神奈川県、川崎市、横浜市	戸田市、和光市、市川市、舟橋市、松戸市、八千代市、品川区、杉並区、立川市、多摩市、多摩地域、府中市、茅ケ崎市、横須賀市、
甲信越・北陸	新潟市、石川県、高岡市、南砺市	富山市、
東海	沼津市、名古屋市、岐阜県、三河地方	静岡県、東海地方
近畿	滋賀・琵琶湖、大阪府、奈良県、生駒、堺市、神戸市	草津市、京都市、東大阪市、兵庫県、篠山市・丹波市
中国・四国	倉敷市、広島市、愛媛県圏域、	福山市、鳥取県、山口県周南
九州・沖縄	福岡県、北九州市、佐賀県、久留米市	別府市、宮崎県

図3-2 全国の Code for X（Xは地域名）（出典：CfJ資料）

あり、各地域で「増殖中」であることがわかる。

なお、活動に参加する人の内訳を、Code for IKOMA を例に見ると、エンジニアは2～3割、市民活動家が2～3割、20代～40代が主流であり、女性は1～3割程度であるという。

また、各地域のブリゲイドが主催・共催する、市民を巻き込んで開催されている主な共創イベントの例は以下のとおりである（表3-3）。

表3-3　各地域のブリゲイドによる共創ワークショップ開催の代表例（～2017年）（各ブリゲイドのホームページやヒアリングをもとに筆者作成）

名　称	内容・テーマ	実施ブリゲイド
子育てアプリアイデアワークショップ	子育てに関するサービスや課題解決に向けたアイデア	札幌、横浜、生駒
公共交通アイデアソン・ハッカソン	過疎化・高齢化や人口減少する地域社会で野公共交通のあり方を考える	南砺
まち歩きマッピングパーティ	楽しみながら待ち歩きをして、オープンストリートマップに書き込んでいくイベント	東京、山口
オープンカフェ	NPOや行政とまちの課題について議論	会津

表3-4は、アイデアソンやハッカソンのほか、実際に地域の課題解決のために開発されたアプリやソリューションの主な例を挙げたものである。このほかにも、各地域で多様な活動のもと、新たなアプリが生み出されている。

アプリやソリューションは、5374.jp のように、オープンソースであるがゆえに、その地域だけでなく、広く全国116 におよぶ地域でも利活用されている（2017年5月末現在）。

これまでは、自治体の各課が別々に作成した情報（図3-3の5374アプリの場合「ごみ品目別収集区分一覧」と「ごみの排出区分、排出曜日、住所地一覧」と「資源集団回収情報」が別々の所管課で作成されていた）が、アプリで統合することにより検索が容易になり、住民からの問い合わせにもアプリを使うなど、窓口業務が効率化できた自治体もある。

表3-4　各地域のブリゲイドにより生み出されたアプリや開発ツールの主な例
（各ブリゲイドのホームページをもとに筆者作成）

アプリの名称	内容	ブリゲイド
5374.jp	住所地のゴミ収集日やゴミの種別をスマホやWEBで調べられるアプリ	金沢
さっぽろ保育園マップ	保育園を地図から検索表示できるマップ	札幌
会津若松市消火栓マップ	消防団員が消火栓を探すためのマップ	会津
大津祭曳山ストーリーテラー	大津祭で曳山の位置を地図で把握できるアプリ	滋賀・琵琶湖
連レーダー	阿波踊りで連の位置を地図で把握できるアプリ	徳島
千葉市お祭りデータセンター	千葉市内で開催される祭りの開催情報が検索可能	千葉
会津若AEDマップ	会津市内のAED設置場所を地図表示	会津

図3-3　5374アプリの展開例（資料提供：神戸市）

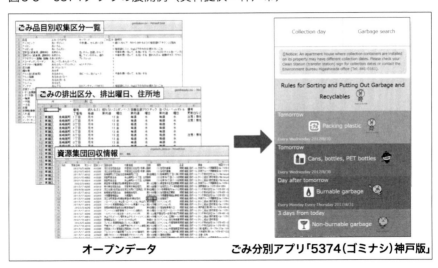

　表3-5は、札幌で開発された保育園マップなどのアプリが他の地域に広がり、地域の情報を追加して掲載したり、多言語化など、地域の事情に合わせてアレンジ・活用されたりしている例を示している。

　このように1つのアプリが横展開して転用拡大されている地域は、地域のブリゲイドが率先して自治体に働きかけ

るなど、利用拡大に貢献していることがわかる。

表3-5　1つのブリゲイドが作成したアプリが他の地域に展開した例（出典：WEBや関係者へのヒアリングをもとに筆者作成）

5374.jp	保育園マップ	お祭りナビ
・金沢（オリジナル） ・札幌から沖縄・石垣島まで、90以上の地域で活用。地域によっては、多言語版などの独自メニューもある。	・札幌（オリジナル） ・東京23区、つくば、水戸、川崎、横浜、流山、高槻、北海道、生駒、徳島、沖縄など。空き状況検索メニューあり。	・大津祭 ・阿波踊り ・千葉市の祭り

　各ブリゲイドの活動により生まれたアプリは、第2章で述べた社会的・地域課題に対する直接または間接的なソリューションであるだけでなく、そのプロセスで育まれた共創の意識を醸成する。各人が課題について自分の知見を提供し、自分の社会貢献度と課題解決に必要な自分のポジションを確認できるという、参画者自身の満足をもたらす。それが次の課題解決に向けたエネルギーとなる。

　ある地域で生成されたアプリが更新されて、他の地域に導入され広まっていく成長フローを示したのが図3-4である。

　まず、地域の課題が市民から要望され、自治体やシビックテックに持ち込まれる。次に、解決手法について住民、自治体、NPOなどが協議するのをエンジニアやデザイナーが翻訳して可視化したり、オープンソースを活用したアプリのモックアップモデル（簡単な試作モデル）を作ったりして、解決手法のイメージを住民に示す。イメージに合ったモックアップモデルが完成すると、住民に使ってもらうための本格的な実装となる。そして、市民の合意が得られれば、要するコストや工期を示して本格モデルの作成に取りかかり、試行テストを繰り返す。

　これらに使われる技術は、主にオープンソースを用いて

76 ▶▶▶ Chapter3　日本のシビックテックイノベーション

図3-4 地域アプリの成長と他の地域への横展開フロー
（なお、（ ）内は担当者、著者作成）

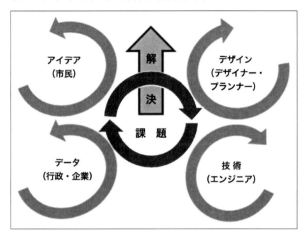

いることや、他の地域でも同様の課題があることから、完成したアプリを同様の問題を抱える地域に、シビックテックが地域独自の課題に対応した仕様に変更して提案する（フレーミング）。そして具体的なアプリのモックアップを作ってテストし（プロトタイピング）、最適な解決策に改善したり（プロダクション）、あるいは別の方法を提案したりする（リフレーミング）。このフローは、まち作りにおけるデザイン思考にも共通している。

各地域のブリゲイドの活動は重要なトライアルであり、一地域で解決できた手法がナショナルスタンダードとして横展開して共有知となるプロセスモデルでもある。

最近では、地域の活動や情報発信を支援するアプリが製品としてサービスインされるなど、ビジネス市場としても成長しつつある。今後、観光や地域再発見などの地域振興支援、子育てや介護分野の生活支援、福祉・医療分野の支援など、これらのサービスは多様化・個別化され、ビジネス化していくと予測される。

地域で育ったシビックテックが、これらの地域課題を解

決するビジネスの発展を、自らの生業として担っていくことが、地域発展や地方創生にも重要なのである。

3-2

組織の壁を越えて働ける越境人材作り
ーコーポレートフェローシップの意義とその課題ー

CfJの活動の1つであるコーポレートフェローは、自治体の中に入って職員とともに活動し、「お役所仕事」に変化をもたらしている。本節では、コーポレートフェローの活動状況と彼らの気づきを通じて、その役割と効果とを検証する。

　コーポレートフェローシッププログラムは、企業で働く者が在職のまま、コーポレートフェロー（以下、フェロー）として自治体内で一定期間臨時職員として職務に従事する研修である。そして、IT面から見た自治体内における課題の発見・洗い出しやその解決手法の提案をするだけでなく、IT・データを活用した行政経営の現状にも評価・提案などをしている。

　フェローを受け入れる自治体にとっては、企業の合理的な業務の進め方を学ぶ良い機会である。一方、社員を派遣する企業にとっては、自社の有能な人材を自社の費用（給与）負担で派遣するため、本務に大きな負担となる。しかし、自治体という行政組織がどのような市民ニーズをどんな形で対処し、外部の専門人材と自治体職員とともに考え解決するかを実践することにより、単なる企業向け研修ではなく、さまざまな課題を発見し、協力して解決手法を見出す副次的な効果もある（図3-5）。

　フェローは、スタートアップを育成するエコシステム構築の支援やオープンガバメントの実現に向けた行政オープンデータ整備の推進を支援している。

図3-5　コーポレートフェローシップ概念図（資料提供：Code for Japan）

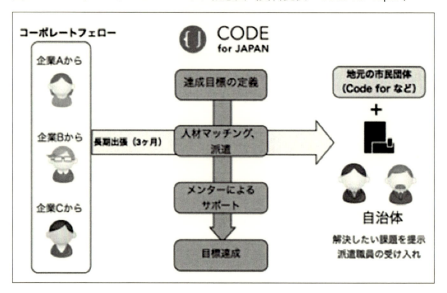

　2016年度は、千葉市、横浜市、神戸市、鯖江市など8自治体へ3〜6か月の期間で5社11人のフェローを派遣しており、職員とともにいろいろな部署に入り込んで共創活動を展開している。今後、この傾向は、シビックテックが認知されるにつれて拡大していくと予想される。表3-6は、フェローシップを受け入れている自治体と内容の主な例を記す。

コーポレートフェローシップの意義と効果

　自治体内部にフェローが職員とともに業務を遂行することは、自治体にとっても企業にとっても初めての経験となった。フェローは、企業における専門知識や技能を有する経験者（リーダー）が任用されることが多いが、ITエンジニアだけに限られない。すなわち、自治体のIT経営コンサルティングを期待されているフェローは、技術よりも自

表3-6　CfJのコーポレートフェローシップを受け入れた自治体の例（2014〜2016年度）（出典：CfJ関係者へのヒアリングをもとに著者作成。2017年3月現在）

自治体名	内　容
福島県会津若松市	業務負荷の少ないオープンデータ公開のあり方の調査と検討
千葉市	共助による弾力的な災害対策システムの検討
横浜市	オープンイノベーションのためのプラットフォーム形成の検討
福井県鯖江市	子育てしやすい鯖江市を作るためのオープンデータ活用
神戸市	スタートアップを育成するエコシステム作りの支援、データ活用に関わる庁内コンサルティングと教育カリキュラムの監修
東京都調布市	調布市の保有データ調査とオープンデータ活用方法の検討
富山県砺波市	市民参加型情報集約共有ポータルサイトの企画、プロトタイピング

治体経営について経営マネジメントの視点から観察し、意見や提案を述べるのが本務となっている。このように、受け入れ自治体側のニーズや状況によって派遣される人物や専門性はその都度異なるのが通常である。

　フェローの業務内容は、上記表3-6に示したように、受け入れ自治体によって異なるが、ステークホルダー側から見ると種々のメリットがある。つまり、

・市民から見ると、行政との緊密なコミュニケーションが促進される。
・企業から見ると、人材育成や地域課題解決の分野での新たなビジネス創造のヒントとなる。
・受け入れ自治体から見ると、行政経改革のヒントを示唆してもらえる。

　このように、フェローの活動はそれぞれの関係者にメリットをもたらす。これがCfJの「越境人材作り」である（図3-6）。

　フェローと既存ITベンダーやコンサルタントとを比較した場合、ベンダーやITコンサルタントはシステムや機器

図3-6　CfJの活動を通じた「越境人材作り」概念図
（資料提供：Code for Japan）

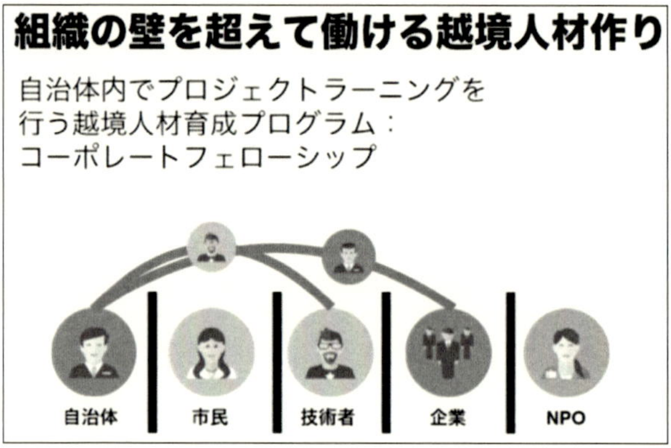

組織の壁を超えて働ける越境人材作り

自治体内でプロジェクトラーニングを
行う越境人材育成プログラム：
コーポレートフェローシップ

自治体　市民　技術者　企業　NPO

納入を通じた業務改善を目的とするのに対し、フェローは
ITを活用した行政経営改善のためのコンサルティングやデ
ザイン思考的アプローチを担うため、両者は必ずしも競合
関係にあるとはいえない。この点で、フェロー独自の業務
領域や役割が、第2章2-2で述べたC2GやGov Techとして
新たに確立されていくといえよう。

自治体で勤務したコーポレートフェローの気づき

　本節では、さまざまな自治体に派遣された複数のフェ
ローの気づきと意見とについて、複数のフェローに各人の
気づきと感想を聞いた。企業に所属する彼らが、自治体に
「研修生」として公務員と机を並べて体験した「公共性の
視点」、「文化の違い」、「疑問点」は、自治体関係者だけで
なく、多くの人にとっても示唆に富む指摘である。以下、
フェロー経験者に、匿名で派遣先の印象を聞いた。

82 ▶▶▶ Chapter3　日本のシビックテックイノベーション

（A氏）

　派遣された自治体では、「職員はする人、市民はしてもらう人」となって自治体職員と市民との関係がかい離している。行政が施策を実施すればするほど市民は弱体化し地域は衰退する。

　市民のマインドを『公を助けて、公に頼らず』と表現する言葉がある。「行政に求める」から「自分たちで解決」に変えなければ地域は変わらない。そのためには「何をするかではなく、誰がするか、どうするか」を考えるための市民1人1人が継続して課題に取り組んでいける「場」作りが必要。「課題が先でデータは後であり、今のままのオープンデータは無用の長物になる」と指摘する。

（B氏）

　行政組織が硬直的で、社会の変化に対応できない組織と文化とがあり、それを問題として意識しているものの、自ら変えようとすると軋轢を生むためにできない風土がある。また、形式的には広聴活動を行っているが、外部からの意見を取り入れる仕組みがない。行政施策を質や期待する効果を考えて実施していない。

（C氏）

　派遣先の自治体で、オープンデータを活用した子育てをしやすい環境を作るために、子育て情報支援ポータルと支援ネットワークとの構築に取り組んだ。
「フェローの役割は、いろいろな人々をつなぐコネクターであり、行政と市民や企業などとの立場が異なる人々が、同じゴールをめざせるよう支援する。まさに、ともに考えともに創る活動だった」と述べ、フェロー活動の影響の大きさを指摘している。

（D氏）

「自治体が社会の変化に対応できない組織と文化を持っていたり、課題意識はあるものの変化を進めようとしたりすると内部で抵抗に遭うこと、情報を共有して活用するためのルールがなく、庁内のどこにどんな情報があるかを誰も理解していないのではないか。外部からの意見を取り入れる仕組みがない」

自治体はさまざまな取り組みをしているが、質と効果を考えて整理する必要があることを指摘し、課題の共有および提案しやすい若手中心のフラットな組織を作るべき、と提案した。

コーポレートフェローは新たな地域ビジネスのパイオニア

以上見たように、コーポレートフェローシップ制度は、地域課題の解決や自治体の改革を始める起点として有用である。今後、フェローの認知度が高まり、さまざまな自治体から派遣要請が増える可能性が高い。その一方で、派遣要請が増えすぎた場合、企業が人件費を負担して自社の社員を自治体に「研修派遣」するという、ボランタリズムに立脚するコーポレートフェローシップは、限界と課題とに直面することが予想される。

その理由は、各地域からのリクエストが集中し、そのすべてに対応できないだけでなく、フェローに対する過度の期待や、業務請負のような取り扱われ方を受けたり、有能なフェローの取り合いやランク付けとなったりすることも考えられる。自治体側がフェローを指定して派遣依頼することも予想されるが、派遣先企業にとっては「エース級」の社員を「研修」の名の下に一定期間「ご奉公」させることは、企業にとって負担が大きく経営問題ともなる。

また、フェロー制度が大企業の「ご奉公サービス」によ

84 ▶▶▶ Chapter3　日本のシビックテックイノベーション

る営業行為となりはしないかと危惧する者もいる。

特に、中小IT企業やNPO等に対するフェロー派遣依頼がある場合は、人事や財政面での負担が多い場合も想定されるため、派遣や業務遂行に対する相当の対価支払いを自治体側が負担することも検討すべきである。また、その対価は、業務の難度による合理的な差異は認められても、自治体による恣意的な差異が生じないように設定するか、あるいは全国統一基準を設定するなど、自治体間の連携や国の基準の策定などにより、安定したフェローシップ派遣制度として確立することが求められよう。

本来、シビックテックも「一市民」であり、自治体にとっては共創のパートナーである。フェローを受け入れる自治体側もシビックテックの支援を受けて「当然」と考えるのではなく、フェローシップにより見えてきた地域や自治体の課題をともに解決する視点を持つことが必要である。また、CfAのようにフェローの活動そのものが地域に根ざした新たなビジネスに成長する可能性もあるため、スタートアップ育成策として取り組める。

市民・事業者・行政は、シビックテックが取り組む活動は、各地域に新たなエコシステムを導入するプロセスであることを地域発展の鍵の1つと認識していただきたい（具体的な提案については、第7章で詳述する）。

コーポレートフェローシップの課題

本章で見たように、コーポレートフェローシップは自治体の政策形成やITマネジメントに新たな風を吹き込んだが、今後自治体がどのようにコーポレートフェローシップを地域創生の施策に組み込むかについては、2点の課題がある。

第1に、調達と地域IT人材育成策との関係である。

85

原則として、自治体や企業が業務を委託する際は、公正中立な提案公募の調達プロセスを経るのは当然であるが、シビックテックのみに特別な調達制度の提供はできない。

　第2に、フェローとなる人材の流動性の低さである。

　シビックテックの中には、地域ビジネスを担うベンチャーとして育成支援すべき企業もある。CfAのフェローのように、派遣された自治体で派遣期間が終了すると、その自治体と雇用契約を結んで、今度は職員として働くケースやベンチャーを設立するケースがあるが、わが国では米国ほど雇用の流動性は高くないのが現状である。また、自治体側の受け入れ体制も未整備である。

　しかし、以上を認識したうえで、自治体の地域産業政策の担当部署には、地域のIT人材育成策およびシビックテックの育成策としても捉えていただきたい。フェローは地方創生のキーパーソンともなり得るからである。

　地域のエコシステムとしてシビックテックをどう評価するかの基準の策定は、社会資本としてのIT人材の積極的な登用にもつながるため、これまでの技能評価に加えて、社会貢献度面から見た評価を加算することも考えられる。フェローの貢献度の評価基準とあわせて、早急な検討が求められる。

　以上を踏まえると、フェローの登用は、技術面からの視点による評価と、人材育成面の視点からの社会貢献度の評価とを合わせて総合的に判断することが必要となる。

　大企業がマーケティングの一環としてフェローを自治体に送り込むのではなく、「ともに考え、ともに作る」という原則を遵守する姿勢が重要である。過去にも新進気鋭のベンチャー企業が、大企業との受注競争に疲弊して市場から撤退せざるを得ないことがあった。中小（零細）企業出身もいるシビックテックが、規模の経済を理由に市場から淘汰されるのは、日本全体のIT労働力の大きな損失にほかならない。

この傾向は、市民や企業の社会経済活動がデザインシンキング（デザイン思考）やシェアリングエコノミー（共有経済）の要素も含みつつある現在、行政が共創の姿勢に敏感であるか否かが企業のアンテナの感度となることを予感させる。

　すなわち、フェローを積極的に受け入れてイノベーションを興そうとする自治体の姿勢によって、企業がCSRだけでなく、新たなビジネスチャンスを創出するフィールドが求められているのである。

　多様なシビックテックが活躍できるフィールドを提供し、そこで解決手法が生み出され、結果として地域がにぎわう。

　この過程において、シビックテックはときに競争し、あるいは共存共栄するために事業領域の住み分けを提案することも期待される。誰と組むかではなくて、何を解決するか、そのためにはどうするかについて考えることが求められている。

3-3
CfJのオープン戦略とその成果

本節では、各地のブリゲイド活動を紹介する。地域のさまざまな組織や団体とネットワーキングした「共創」活動を通じて、地域に変革をもたらすブリゲイドの機能と可能性とを探る。

　CfJの「ともに考え、ともに作る」コンセプトは、市民社会の成熟につれて、社会の課題の一部を市民自らの力で解決し、市民だけでは解決しにくい課題などの一部を行政が支援して解決するという「共創」を基本としている。

　CfJには、活動に関する「3つのオープン戦略」以下に記す。

---

①オープンコミュニティ（人材）　⇒メディウム
②オープンデータ活用（情報）　　⇒アクセラレーター
③オープン調達（市場）　　　　　⇒共創コミュニティ推進

---

　①オープンコミュニティは、地域のブリゲイド（Code for X、Xは地域名）によるワークショップやミートアップにより人材を交流させ、住民と自治体のコミュニケーションを密にする役割を果たすための「場」であり、市民参画および協働活動の「メディウム（媒体）」といえる。

　②オープンデータ活用は、国や自治体など行政が保有するデータや情報を、市民や事業者へ公開・提供して課題を解決するオープンデータ推進のインプット素材であり、「アクセラレーター（加速）役」といえる。

　③オープン調達は、世界的なオープンソースコミュニティの拡大・浸透を受けて、多くの技術を共有し改良する

88 ▶▶▶ Chapter3　日本のシビックテックイノベーション

役割を果たすことにより、技術の参入機会を拡大させる「プラットフォーム」といえる。

　上記3つの戦略により、地域資産を活かした事業を創出し、公共サービスの向上と効率化とが達成できるのである。

　シビックテックの活動は、それぞれが独立したものではなく、相互に関連し合い、時期や内容によって融合分離を繰り返す「アメーバ型」である。したがって、課題、解決手法や技術のカテゴリーも、現在の分類から改編・発展し、「永遠のβ（ベータ）版」として多様化・多重化していくことが予想される。

ITを活用した市民コミュニティ作り

「ともに作る」ことを基本とするシビックテックは、「人と人」や「組織と組織」をつなぐネットワーキングにその真価を発揮する。社会や地域の課題を市民が企業・行政・NPO等、種々の組織と持続的に連携して、創造的なアイデアを考え、実際に解決方法やプロトタイプを作り出す。そのためにアイデアソンやハッカソンを通じて得たノウハウを使っている。活動を通じたネットワーキングにより、市民コミュニティが形成される。ここ2〜3年で社会に浸透したアイデアソンやハッカソンは、シビックテックの活動拡大とともに成長してきた感がある。

　課題を解決するためのアイデアソンは、集まったいろいろな立場の人が議論してアイデアを生み出すブレーンストーミングであり、ハッカソンはそのアイデアを実現できるアプリのプロトタイピングである。つまり、実働するモデル（プロトタイプ）を作る手法や過程をさす。

　アイデアソンやハッカソンに参加することにより、参加者同士のコミュニケーションが生まれ、つながりが生まれる。それを一過性のものとしないために、Facebookなどオ

ンライン上のコミュニティで継続して情報交換している。参加者は、自然とリアルとオンラインとを使ったシームレスなコミュニティの形成・維持活動に関わっていく。

90年代から盛んとなり、市民エンパワーメントの代名詞となった「市民参画協働」は、2010年代にシビックテックの参加により、「ITを活用した市民参画協働」活動に進化し始めている。以下、各地の具体例を見ていく。

日本のシビックテック群像①：シビックテックが地域交通を救う

シビックテックの地域貢献について、四国の徳島市にその事例を見てみよう。

「地方の課題先進地域は宝の山」と述べるITエンジニアがいる。Code for Tokushima代表の坂東勇気氏だ。徳島県は近年、神山町など、ITエンジニアが東京から移住して「グリーンバレー」としてたびたび話題になっているが、そのほかにもITを使って地域交通の危機を救おうとするシビックテックの活動がある。

地方のタクシー会社は、大都市の人口に比べて市場規模が小さく、働けど収益と賃金が上がりにくい経済構造にある。公共交通が少なく高齢者など交通弱者が過疎地域に多い点で、収益のみを理由に地方交通を廃止できない深刻な事情を抱えている。

全国的に他の地方も同じといえる課題であるが、徳島の地方タクシーは、「流し運転がない」、「コールセンターは原則24時間営業」、「安全と雇用を守るため配車ルールは複雑」、「高齢者顧客はスマホが使えない」などと、都会にはない複雑な課題や制約があり、Uberのような配車アプリは使えない。

そこで、この状態をIT活用による業務改善で改善できる

90 ▶▶▶ Chapter3 日本のシビックテックイノベーション

かもしれないと、タクシー会社の若社長が坂東氏に提案した。このタクシー会社は、乗務員の高齢化と高コストの問題を抱え、コールセンター業務とルール徹底の負担が大きいため、外部クラウドとコスト削減できれば、事業存続と地域交通が守れると判断した。

　また、地方のITベンダーは東京からの受託業務が中心で開発から運営までの一貫したノウハウが少ない、地元のITフリーランスはWEB制作が中心で仕様を作れない、都会のITベンダーに見積もりを要望すると価格が高い、既存のタクシー会社用アプリは前述のような課題や条件に適応しにくい、などの理由があった。

　そこで、タクシー会社の若社長と坂東氏は、共同出資して「（株）電脳交通」を設立した。坂東氏がCTOに就任して事業者、乗務員、エンジニアがスクラムを組み、徹底した現場主義によってシステムを設計した。その結果、ユーザー満足度が高いシステムが構築でき、タクシー事業者の評判も高かった。この事例を参考に、地域課題の解決を機に地方から起業するケースが増加するかもしれない。

　坂東氏は、Code for Tokushimaとして各所を訪問し、地味ではあるが、ITエンジニア自身の業務や技術をもとにした実用的なアイデアを提案しているうちに、自治体や企業から「こういうサービスを考えている」という相談を受けるようになった。ただし、それらの相談内容は、企業として受託開発するには採算に合わない予算であり、サービス内容もニッチ過ぎて一般IT企業が受託できるレベルではない。

　しかし、個人ITエンジニアの視点から見ると、これらの業務は、スモールスタートとして考えれば起業のチャンスとして考えられるレベルであり、その意味で「宝の山」である。徳島のように「課題先進地域」で受け入れられたサービスは、日本の他の地域や全世界で拡大する可能性も十分ある。

以上より、坂東氏は、徳島のような「課題の先進地域である地方はITエンジニアが起業しやすい環境にあるのではないか」と考えている。その理由は、東京に比べて生活コストの安さ、子育て環境の良さなどが挙げられる。

　また、ビジネス環境として雇用は厳しく受託は少ないものの、(1) 発達しているクラウドソーシングができる、(2) 地元メディアや自治体も応援してくれる、(3) 行政にもCode for Tokushimaに市職員のメンバーがいる、など好条件が揃っている。

　これらの好条件がもたらした成果として、阿波踊りマップ、5374、保育園マップなどの徳島版アプリが生まれ、ドローンを用いた鳥獣害対策、交通弱者アイデアソンなど、徳島にはITに明るい風土が醸成されている。一例を紹介しよう。

　阿波おどりを身近に楽しめるアプリ「連レーダー」は、徳島市で毎年夏に開催される阿波おどりの観覧を支援サービスである。「連レーダー」は、マップ上に阿波おどりの「連」の各位置が表示され、スマホでチェックすることで、お目当ての連の所在が把握でき、阿波おどり観覧の楽しみがより便利になるアプリである【注02】。

　坂東氏は、「徳島から世界に通用するサービスを提供したい。かつてワープロソフトで日本を席捲したIT企業がこの地で活躍したように、この地で定年までプログラマーとして働ける場を作りたい」と述べている。

日本のシビックテック群像②：ITを駆使する佐賀のイノベーターたち

　ICTを活用した地域活性化は、「近江商人の"売り手良し、買い手良し、世間良し"の考え方だ」といい切るのは、Code for Sagaの代表、牛島清豪氏だ。

92 ▶▶▶ Chapter3　日本のシビックテックイノベーション

佐賀新聞に勤めていた牛島氏が、市民参加型のジャーナ
リズムであるシビックジャーナリズムに興味を持ったのは、
SNS（ソーシャル・ネットワーキング・サービス）を知っ
た2004年頃であった。SNSを通じて、市民が積極的に言論
空間（ブロゴスフィア）に参加できる環境が整い、自らが
社会に働きかけていこうとするムーブメントが起き始めて
いるのを感じていた。
「地方の新聞社が地域SNSを運営する」というこれまでに
なかった行動に対し、当初新聞社内には反対意見も多かっ
た。このような意見に対して牛島氏は、「読者の気持ちを
最前線で把握するためにはSNSが有効」と確信してサイト
を開設したところ、多くの読者や佐賀新聞の読者でない市
民も参加するようになり、結果として市民の求めるニーズ
が把握できるようになった。

　これが社内の意識を変えるだけでなく、佐賀新聞として
新たな読者ニーズに応えることができ、市民・読者が地域
の課題やニーズについて自由に発言するようになる「シ
ビックジャーナリズム」に発展している。

　牛島氏は、多くの人の利益となる情報発信や共有をする
新しいメディアのスタイルを、多くの市民が「良し」と認
めるようになったためと述べている。

　総務省のオープンデータ伝道師の肩書も持つ牛島氏は、
行政のオープンデータを推進する旗振り役でもある。九州
の自治体データをオープンデータとして公開して活用する
ことで普及促進にも尽力している。世界的なオープンデー
タ普及イベントでもある「International Open Data Day」
にもCode for Sagaとして毎年参加している（図3-7）。

　そこには、"売り手良し、買い手良し、世間良し"と皆が
納得できる状態が生み出される。売り手はデータを整備・
公開すべき自治体であり、買い手はデータを利活用する市
民や企業やシビックテックである。その結果として、地域
課題が効果的に解決される。

図3-7　International Open Data Day 2017に参加したCode for Sagaのメンバー（牛島氏提供）

　一方で、最大の地域課題は雇用である。若いITエンジニアが地方で活躍し、地域で所得が生み出されるならば、域外へ流出せずに地域に留まるようになり、結果的に東京の一極集中を防ぐこともできる。その仕組みをどうすれば作れるか。

　有田焼の創業400年を記念して、市民と協働で有田町の魅力を発信するプロジェクト「Hamarita」【注03】を立ち上げた牛島氏は、シビックテックが地域活性化に貢献できることはたくさんあるという。その1つとして、地域外にいるエンジニアが、故郷のため遠隔でシビックテックに参加して作成したプログラムを地域に提供する「ふるさと納コード」の取り組みを提唱するなど、ユニークな発想が佐賀より生まれている。

　佐賀のシビックテックは、日本創生の課題にも挑戦する地域イノベーターでもある。

地域活動団体のパートナーとしてのブリゲイド

　あなたが住む地域の自治会や町内会の活動を思い浮かべてほしい。21世紀も16年が経過し、携帯電話網が日本の隅々まで普及したにも関わらず、「いまだに紙の回覧板?」、「電話連絡が基本?」など、自治会の回覧板や連絡網に驚かされた経験はないだろうか。

　自治会の役員は超高齢者が苦労を重ねながら活動しており、それを助けてくれる若年層は少ない。ましてやIT活用の提案をしてくれる人は皆無に等しい。さらに「自治会・町内会の活動なんてマンションの管理組合以上の付き合いは必要を感じない」など、地域社会の関係が年々希薄になり、地域コミュニティの崩壊が叫ばれて久しい。

　このような市民コミュニティの活動を支援するブリゲイドは、市民コミュニティと地域活動を支援している自治体との垣根を低くする役割も果たしている。「地域の課題はその地域の人たちにしか解決できない」として、その解決をコミュニケーションと技術で支援する。彼らの活動が地域に新たな息吹を吹き込み、活性化に貢献する。概して地域活性化の担い手は、「よそ者、若者、ばか者」といわれるが、ブリゲイドは地域活性化にITを用いて新たな波を起こす地域のパートナーである。

行政（自治体）のパートナーとしてのブリゲイド

　前節3-2で紹介したコーポレートフェローシップ制度は、自治体の変革を支援するCfJの事業である。派遣期間は短期間（3か月）ではあるが、ブリゲイドからフェローとして自治体の中に入って、IT経営の視点から自治体経営の課題

の発見や改善点を提案することは、自治体とフェロー双方
に好影響をもたらす。すなわち、自治体のオフィスで企業
のITエンジニアがともに仕事をすることで、自治体側とし
てはIT投資の効果やIT利活用の方向性がわかるだけでな
く、ブリゲイド側としては、自治体がどのように政策を決
定して実施していくかのプロセスと事業実施との実際が見
えることが大きい。また、両者ともに互いの仕事文化の違
いも発見できる副次的な効果もある（フェローシップの詳
細については、本章3-2内「・コーポレートフェローシップ
の意義と効果」の項を参照）。

　ブリゲイドが自治体と連携するのは、その地域の市民
サービスの向上だけでなく、自治体のIT投資効果（ROI）
を改革するきっかけを作るなど、行政経営改革へ示唆する
ことも重要な業務である。この点において、ブリゲイドな
ど地域のシビックテック組織は、行政（自治体）のパート
ナーであるといえよう。

　以上を踏まえると、ブリゲイドなど地域のシビックテッ
ク組織を育成することは、行政経営改革の一助となるだけ
でなく、地域の次世代人材の発掘・育成策であり、スター
トアップを推進するなど、複合的な地方創生のパートナー
となり得ることを自治体は認識すべきである。各地におけ
る地域のシビックテックエコシステム政策の立案と展開が
期待される。

日本のシビックテック群像③：生駒の地域愛とシビックテック

　Code for IKOMA代表の佐藤拓也氏は、生駒市との連携
体制構築に尽力したシビックテックである。仕事の関係
で生駒市に居住することになった佐藤氏は、2014年1月に
Code for IKOMA（以下、CfI）を立ち上げた。

96 ▶▶▶ Chapter3　日本のシビックテックイノベーション

「当時の生駒市長が、市民活動推進センターとCfIをつないでくださり、まずは実績作りに取り組み」、「iko mama papaアプリ開発提案プロジェクト」を実施した。

「自治体がCode for IKOMAの活動を理解し、協働するまで2年かかりました。トップダウンでデータ活用をすべしと方針が出ても、実務に落とし込み、その有用性を職員自らが納得して活用するまでには時間を要するからです。職員の理解なくしてデータ活用は進まないし、市民・企業のニーズを予測することなくデータ公開してもデータ利用は進みません」と語る。

「1つの部局に説明して理解してもらえても、別の部局に行くと最初から説明しなければならず、ときには『また、Code for?』といわれるなど、理解していただくことに多くの時間と労力がかかりました。市民や企業ニーズを吸い上げるCfIによる草の根の活動（アイデアワークショップの開催やアンケートの実施等）と、それを行政がくみ取るというボトムアップの流れを、着実に作っていく必要があります」と感じている。

いこま保育園マップ、5374.jp奈良県生駒市版、生駒市の天気Twitterなどを手がけたCfIも、活動開始当初は自治体の理解を得るのに奮闘した。特に、地域が関心を持つように心がけて普及活動を展開した。

2016年度のCfIと生駒市の協働事業として、生駒の地域課題の解決や魅力発信のためにアプリやWEBサービスを募集する「IKOMA Civic Tech Award」（図3-8）やその啓発イベントである「IKOMA Civic Tech Party」を主催して、さまざまな分野の地域の人々を巻き込んでいった。

生駒市という街は、市の中心に位置する近鉄生駒駅前には、多くの塾がひしめき合うほど教育熱心であり、奈良先端科学技術大学も隣接する。生駒市は他の地方都市と同様に、育った人材は流出するので、佐藤氏は「ともに活動する人材を育てて（引き留めて）、東京に行っても生駒に地域

図3-8　2017年3月に行われたIKOMA Civic Tech Award表彰式

貢献できる仕組みを作りたい」と述べ、地元にある奈良先端科学技術大学院大学との連携も推進している。

　CfJの今後の課題として、佐藤氏は「アプリ活動プロジェクトなど、地域コミュニティに関わるテック側が出てきているのに、全体を取り仕切る次世代を担う後継者が出てこない」と、ブリゲイドリーダーの役割を担う複数の人材を育成する必要性を痛感している。さらに、「他の地域にいても、シビックテックが故郷に貢献できるのは、Code for Sagaの牛島氏がいう『ふるさと納Code』のような仕組みをいかに作るかが課題」と述べる。

　なお、2017年度からCfJは総務省の地域情報化アドバイザーに委嘱され、そのメンバー13人の中に佐藤氏も選ばれている。

　生駒地域だけでなく、さまざまな職業からの「越境人材」の輩出が、日本の地域の宝となる「越境人財」に成長することが期待される。

日本のシビックテック群像④：民主導のシビックテックを応援する

「エンジニアが自分のスキルを活かして社会を良くすることができたら」との想いを持つ9人が集まり、2013年5月に設立されたのが、Code for Kanazawa（以下、CfK）である【注04】。

当時は日本にシビックテックという言葉もなければ、Code for Japanも存在しておらず、参考にできたのはCfAのみだったという。CfKは設立以降、社会に役立てる自分たちができることを常に問い続けてきた。

Code for Kanazawaの名を一躍有名にしたのが、今では全国117箇所で利用されるゴミ分別アプリ「5374（ゴミナシ）.jp」【注05】である。CfK代表理事である福島健一郎氏は、「我々ができることを（市民に）伝えるためにやろう」とリリースしたアプリだが、当初はCfKのめざす方向性を模索していたという。

5374は、2013年10月にGitHubにソースコードを公開することにより、オープンソースとして全国各地での採用が広がった。今では、自治体からプッシュ通知やサーバー管理など機能拡張の要求もあり、有料版も提供している。

まさに、シビックテックが新たに生み出した新ビジネスである。

日本初のブリゲイドであるCfKは、地域独立の活動を重視している。

福島氏は「ITは市民1人1人にエンパワーする道具。東京で決めたことを全国で展開するのではなく、地域の市民が何を求めているかを話し合い、ボトムアップ型で決めることが重要。各地域団体が自主的に連携し合う姿が理想」と述べる。

また、「シビックテックは、民主導型や官主導型がある。

これに加えて最近増えてきたのは、企業主導型である。すなわち、企業が社会課題を解決するために、起業家が活動するケースが増えてきている」と希望を感じている。

しかし、福島氏は「日本のシビックテックとは何なのだろう」と自問し続ける。

シビックテック活動それぞれの型が異なり、多様性があることは良い。しかし、継続性から見ると、官主導型は行政が止めない限り続くが、民主導型は、市民のモチベーションや企業の業績等に左右されざるを得ないため、消滅するときは早い。

福島氏は「行政に何でも頼れないからこそ、民の力を大切にしたい。これからもCfKは、民主導のシビックテックを応援し続けていきたい」と述べ、日々模索を続けている。

日本のシビックテック群像⑤：研究と行政効率化をもたらした「ひぐまっぷ」

川人隆央氏と8人のエンジニアたちが2014年2月に設立したCode for SAPPORO（以下、CfS）は、2014年以降「税金はどこへ行った？札幌版」、「5374札幌版」などをリリースした。中でも、ワーキングマザーの必要性から作成された「さっぽろ保育園マップ（2014年）」は、地図上に認可および認可外保育所と幼稚園を一覧できる先駆的なアプリである。札幌をはじめ道内だけでなく、東京都、横浜市、生駒市など、他の地域や用途にも採用されている札幌発「全国アプリ」である。

このような実績があるにもかかわらず、現地の自治体に認知してもらうのにはエネルギーを要したという。シビックテックの存在自体を知って参加してくれる自治体や公的機関の職員は少なかったとのことであった。「CfSはエンジニアが多いので、それぞれが持っている技術で、私たちの

100 ▶▶▶ Chapter3　日本のシビックテックイノベーション

札幌をちょっと良くできたらと考えている。一方、自治体職員が処理しているオフィスワークは工程が多いのに、それを負担に思っている職員は少ない。もっと楽に処理できる方法があると提案したり、自治体職員に聞いたりしてもなかなかアイデアが出てこない。そこをどう救い上げるか、もシビックテックの役割」と述べる。

1つの解が「ひぐまっぷ」アプリである。これはオープンデータの世界では有名なアプリである「FixMyStreet」を横展開したものである。川人氏はその日本版である「FixMyStreet Japan」を開発・運用している。

北海道立総合研究機構では、野生生物の保護管理に関する研究を行っており、その中でもヒグマと人とのあつれきの個体管理は重要なテーマである。この研究の重要な情報源であるヒグマの出没情報の把握から報告までのフローに対し、自治体は今まで多大なエネルギーと時間とを費やしていた。「ヒグマが出没⇒市民が市町村へ通報⇒市町村職員が台帳入力⇒1年間の情報をとりまとめて市町村職員が北海道振興局へ報告⇒北海道庁がデータベース化⇒研究機関や国へ報告」、などに1年を要していたという。

ひぐまっぷは、ヒグマの出没情報をWEB地図上に入力することで、市町村間のリアルタイムの情報共有を可能にした。2016年には、北海道森町や八雲町で、ひぐまっぷを使った実証実験を実施している。2017年には道内17自治体のうち、道南の20自治体を対象としたひぐまっぷの運用を開始している。

本来、ひぐまっぷは、ヒグマの生態研究に必要な情報を収集する目的で、研究予算を用いて開発されたものであった。しかし、研究目的だけでなく、副次的に行政職員の負担を軽減する効果をもたらす点で、行政経営の効率化にも資するモデルとなることを証明したといえよう。

【注02】 http://codefortokushima.org/sub-contents/awaodori/radar/

【注03】 http://www.hamarita.com/

【注04】 Code for Kanazawa（http://codeforkanazawa.org/）

【注05】 5374.jp（http://5374.jp/）

＜Column③＞ "グラレコ" と Code for Japan Summit

　2016年11月19〜20日の2日間にわたって「Code for Japan Summit 2016」が横浜市金沢区役所で開催された。サミットでは、全国から参加者が集まったシビックテックの本音や、よもやま話が各セッションで繰り広げられた。その議論内容はカラフルな絵とともに、即座にパネルボードに描かれ、廊下にタワー型に積み上げられた。多くの参加者の目を釘付けにした、この記録方法が、グラフィックレコーディング（Graphic Recording）である。

　セッションの様子を「見て理解できる」グラフィックレコーディング（以下、グラレコ）は、動画で記録公開するものとは異なり、議論の要点を簡潔にまとめてあるため、会場にいる聴衆も参加できなかった人々も、ディスカッションの概要と重要点を一見して知ることができる。最近では、YouTubeで描いている経過を録画で見ることもできる。

　グラレコについて、グラグリッド社代表の三澤直加氏は、「グラレコは単なる記録方法にとどまらない。参加した人の会話を促進し、見る人の学びを促進し、その場に一体感をもたらす。共創の場にはなくてはならない、コミュニケーション技法」と話す。グラレコは、参加者の意見が100％同じではなく、異なる解釈や誤解が起きたとき、そのギャップを埋めるための対話のきっかけを作ることができる。また、グラフィックレコーダーが対話の中に入って質問しながら描くことで、「共通解」を見出すことも可能となる。

福島県浪江町における市民がタブレットを利用して絆を再生・強化するためのサービス創出ワークショップ（2011年）や、富士宮市で開催された「女性活躍シンポジウム」（2016年）、埼玉県吉川市での市民協働ワークショップ（2016年）、南砺市での地域交流会（2016年）など、多くの自治体や地域コミュニティでグラレコが活用されている。三澤氏は「市民がつながるためのファシリテーションとして、グラレコは必要不可欠になっている」と話す。

　また、グラレコは、単に講演者の講演内容を要約するだけでなく、講演を聞く聴衆に対しても、ともに体験したことを反復し、要点を確認して整理する効果を持つ。「グラレコは、理解のため、合意形成のため、マインドセットのため、省察のため、記録のためなど、いろいろな目的に応じて描き分けることができる。『良いことを聞いた』だけでなく、自分の活動にコミットすることにも役立ててほしい」と、三澤氏は述べている。

　グラレコは、米国の市民と行政とのコラボレーションにおいても、事業施策の主旨や進捗状況の説明に活用されており、人と人とをつなぐ共通言語として、今後行政やシビックテックのブリッジングツールとして活用が広がると期待される。

Chapter 4

米国におけるシビックテックイ
ノベーション

4-0
第4章の冒頭にあたって
－変わりつつある米国の地域社会－

本章では、Code for Americaの活動事例を概観し、米国の地域社会において組織や市民が変わる過程を現地インタビューも踏まえて、シビックテックがどのように地域社会に組み入れ（エンベッド）られていくかを見る。

　サンフランシスコ湾は、多様な顔を持つエリアであるとともに、シリコンバレーやスタンフォード大学など最先端のテクノロジーが集積し、常に新たなイノベーションを生み出している地域である。そこには世界中からエンジニアが集まるだけでなく、新たなビジネスがこの地域から始まり、世界へと広がる「イノベーションの聖地」でもある。

　その聖地発のシビックテックテクノロジーは、米国の都市にどんな影響を与えているのだろうか。

4-1
サンフランシスコ市役所を変えたCode for America

米国のシビックテックは、各地域社会に変革をもたらしている。シビックテックの最先端地域であるサンフランシスコ市での活動とその変革内容を紹介し、地域社会におけるシビックテックの役割を考察する。

　米国でも特に市民活動が盛んで、ITの聖地シリコンバレーの近隣に位置する米国カリフォルニア州サンフランシスコ市（以下、SF市）は、西海岸におけるシビックテックが活躍する拠点である。この地から始まり、全米を変える流れまでに成長しているシビックテック活動がCode for America（以下、CfA）である。前章で見たCfJのルーツもCfAにある。以下では、CfAの活動を概観したうえで、ITエンジニアたちの熱意が、米国の自治体を変えていく過程について、シビックテック個人のインタビューを紹介しながら、彼らの活動にかける想いを探る。

　CfAの本部事務所では、"Government can work for the people by the people in the 21st century"、つまり、「市民による市民のために奉仕する21世紀の政府」をスローガンとして壁に掲げている（図4-1）【注01】。

　CfAとSF市とが連携した活動は、国や自治体のサービスを向上させたり、行政組織の意識を変革したりするモデルとなっている。以下、その経緯を紹介する。

　2005年頃のSF市は、データを公開することに消極的であった。各部局は保有するデータ公開の手続きを「余計な仕事」と捉えていた。この状況を打破したのが、前SF市

107

図4-1　Code for America本部事務所（SF市）の壁に掲げられているスローガン（2017年1月、NPO法人コミュニティリンク榊原氏提供）

長、現カリフォルニア州副知事のGavin Newsom氏【注02】である。

　Newsom氏は、SF市のコールセンターでの問い合わせサービスを「Open 311」というアプリに載せることで、市民から問い合わせの効率を向上させ、その結果、市民サービスの利便性が増した。これを受けて、自治体の情報プラットフォーム構築の重要性を説いている。

　データ公開によりアプリが開発されて市民サービスが向上する「成功事例」が出てくると、公開に積極的になり、職員の意識も変わってきたという。そしてSF市はオープンデータのカタログサイトを充実させ、CDO（Chief Data Officer）を設置するなど、データドリブンの行政施策を展開する全米の最先端都市となった。

　まさにSF市は、「市民（後述するCfAやシビックテックたち）による市民のために奉仕」する地方政府に変貌していったのである。

【注01】最近ではシビックテックがアイデアから現実になりつつある現状を反映して、"can work" が省かれ、それを実行するのが「我々＝"We"」であるとして、"We are a network of people making government work for the people by the people, in the 21st century" のスローガンも使われているという（柴田重臣氏談）

【注02】"Citizen Ville"（Page92〜Chap5 "It's the Platform, Stupid" Gavin Newsom, 2013）

4-2

CfAのミッション

CfJの活動に影響を与えたとされるCfAでは、どのような経緯とコンセプトで活動のミッションを定めたのか。本節では、その策定過程とスタッフの役割とを通じて、CfAの活動の全体像を探る。

　CfAのミッションは、「21世紀における市民による市民のための政府ができること」を、政府、コミュニティ、企業が協働して実践することにある。このスローガンは、SF市内のダウンタウンにある元倉庫を改装したコワーキングスペースの壁に大きく掲げられている。

　かつてCfAに在籍していたキャサリン・ブレイシー氏は、その活動理念として、「21世紀の政府の役割は、市民ニーズに合うデザイン、誰もが気軽に参加できること、すべてを1人でしないこと、データを容易に探し使えるようにすること、データは意思決定や改善に使うこと、仕事に適した技術を選ぶこと、出た結果を形式化すること」としている（2015年6月取材当時）。基本的にはオープンソースを使ったアプリ開発やソリューションなどのオープンイノベーションであり、健康、安全と正義、経済開発、コミュニケーションと参画の4分野に焦点を当てている。

　CfAでは、21世紀の政府の原則として以下を掲げている。

［21世紀の政府の原則］

・市民ニーズのためのデザインであること

・誰もが参加しやすいようにすること

・1人ですべてをやらないこと

110 ▸▸▸ Chapter4　米国におけるシビックテックイノベーション

・データを見つけやすく、使いやすくすること
・データを意思決定や改善のために使うこと
・業務のために適正な技術を選ぶこと
・結果を体系化すること

　換言すると、21世紀の政府（行政）は、市民のために最適な技術と整備されたデータを用いて、誰もが変革に参加できる共創による課題を解決する姿勢をめざしている。

　背景には、国も地方政府も市民のニーズに合った仕事をしないと、支払う税金を無駄にするだけでなく、効果的な市民サービスの向上が望めないという危惧がある。それを行政からの解決に委ねていると、ユーザー（市民）目線からのアプローチは伸展しないことを暗に示している。

　2009年、オバマ大統領が就任した際に述べた覚書にオープンデータの推進があり、この流れを受けてシビックテックが推進活動に参画し活躍する機会が増え、CfAが生まれた。

　アメリカ政府が持つデータは、国民の税金で作られたものであるため、基本的に国民に開放すべき「Open by Default（原則公開）」であるとの姿勢を取った（第2章の2-7を参照）。そして、政府が率先してオープンデータサイト（Data.gov）を開設してデータを蓄積し、市民・事業者が活用できるようにしている。

　SF市から始まったこの動きは全米各地に広がり、各地域にブランチ（ブリゲイド）ができて地域独自のシビックテック活動が活発化している。さらに米国国内だけでなく、世界各地にも活動は広がりつつある。日本でもCfJが設立され、地域のブリゲイド活動が広がっている（詳細については、第3章の3-1を参照されたい）。

　CfAが創設されたきっかけは、政府のサービスへの国民の不満があった。オバマケア（政府による国民皆保険制度の成立）サービスが当初うまく進まなかった例と同様に、

111

予算やさまざまな障害により政府が推進したいことが実施できない状況が、中央政府だけでなく地方政府にもあった。その結果、市民から「政府（地方も含む）は無能である」と不信感が高まっていた。

　そこで、政府のサービスを改善するために、市民ITエンジニアが参加してアプリやシステムを開発・改善することにより、成功モデルを生み出すのを支援した。この活動を2009年から始めて、健康・安全・治安の分野から行政課題解決に協力して、今日、CfAの活動は中央政府や地方政府（自治体）との協調が進み、市民の利便性が向上して社会の種々の分野に大きなインパクトを与えるようになった。CfAが活動を始めたとき、健康ケア、経済開発、安全と公正、官民協働の4分野に焦点を当てて活動してきた。

　CfAには60人の常勤スタッフがおり、CfAのNational Staffと呼ばれるコアメンバーとRegional Coordinator（RC）と呼ばれる地域コーディネーター、Brigade Captain（BC）と呼ばれる地域活動家とが密接に連携して活動している。BCは地域の市民ボランティアや行政関係者との連携強化する役割も果たしている。この組織の形態は「雪結晶モデル（Snow flake model）」と呼ばれている（図4-2）。CfAでは、過去には雪結晶モデルを採用していたが、最近は、9人のNational Advisory Council（NAC）を置き、各地域で実践されている予算決定、知識の共有やベストプラクティスを紹介することで全体のレベルアップを図っている。NACは、各地域のブリゲイドの取り組みをCfA全体にリソースとして紹介し、一地域から国全体へのインパクトとなるように、お互いが学び合い、質問し合い、成長できる手法を探っている（後述ブエナ・タン氏談）。

　なお、年間活動運営予算は、2015年度は、行政、企業からの寄付などが3分の1ずつで13億円とのことである。2017年の報告書では14億円であった。

図4-2 CfA情報フロー概念図（雪結晶モデル）（C：Coordinator、S：Staff、CO：Community Organizer、DL：District Leader）（出典：Brigade Leader's Orientation 2016（https://docs.google.com/presentation/d/1kgn31z7e_rHGU9zOdOPc-WoDSphMlPTSfL9Ezh2Awsg/edit#slide=id.gd713a5444_0_10））

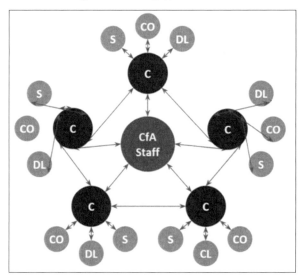

CfAの事業

4-3

本節では、CfAの各事業を紹介し、その業務フローと成果の整理とを試みる。そして、米国のシビックテック群像を通じて、各事業が市民サービスとして利用される過程と成功のノウハウとを紹介する。

CfAは多彩な事業を展開している。しかも各事業は、市民ニーズやサービス向上させるために、その都度改編されたりする「β版」でもある。以下では、CfAの事業活動である、フェローシッププログラム、ブリゲイド、スタートアップ、ピアネットワーク、国際活動について、事例を挙げて紹介する（2017年7月現在、終了したプログラムもある。また、第3章で紹介したCfJの活動とは異なる部分もある）。

フェローシッププログラム (Fellowship Program)

　行政課題を持つ地方政府（自治体）に対し、CfAのスタッフを9か月〜1年間派遣して問題解決に当たるのが、フェローシッププログラムである。スタッフは、プログラマー、デザイナー、コンサルタントの3人が一体となってWEBサービス（WEB上でのサービス）やアプリケーション（Apps）を作ったり、自治体の業務改善の提案をしたりする。フェローは、全国から公募による選定を経て、地方政府（自治体）に派遣される。派遣が始まる時期は2月、8

114 ▸▸▸ Chapter4　米国におけるシビックテックイノベーション

月の年2回である。2014年のフェロー採用には30名の定員に対して600名以上の応募があったという。面接では、技術面もさることながら、高いコミュニケーション能力が求められる。なお、フェローの参加者の平均年齢は30歳といわれている。また、給与は3万5000ドル（約350万円、2014年当時1ドル≒100円）であり、米国の給与水準からしても決して高くはない。2017年では約6万ドル（約660万円、1ドル＝110円）であり、米国トップレベルのITエンジニアの給与水準からすれば決して高くはないが、給与以外の価値（例：国・地方政府で働く等）を感じての応募が多いと考えられる。

　中には有名なIT企業を退職してまでフェローに応募する、信念の高いエンジニアもいる。フェローは、CfA本部で1か月間研修を受けた後に、地方政府内に約1か月滞在する。その約1か月間、地方政府関係者と解決すべき課題について徹底した討議を行いつつ、地方政府関係者だけでなく課題に関する市民やステークホルダーにもヒアリングを重ねることで、派遣先のさまざまな人々と信頼関係を築いていく。フェローは業務改革や意識改革のためのカタリスト（触媒）の役割を果たす。大部分のフェローは、派遣される都市に初めて訪れることが多いという。

　CfAの活動開始後から5年間で、米国内の30都市に103名を派遣しており、年々派遣先とフェローの数は増加している。主な派遣先とその成果を紹介する（次ページの表4-1）。

　残りの9か月間は、CfA本部に戻り、派遣先の課題に対応したAppsの作成とその試行を繰り返す。本部には、各都市に派遣されたフェローやIT企業関係者もおり、技術的な協議や情報交換をしたり、派遣先地方政府とのビデオ会議を通じた連絡・協議も行ったりしている。CfAプログラムの終了後、フェローは、そのまま地方政府に就職する者、CfAや類似のシビックテックや市民活動の組織に就職する

表4-1 フェローシッププログラムの主な派遣先と成果抜粋（CfAのGovernment partnersを参考に筆者作成。311は地方政府のコールセンター番号である。https://www.codeforamerica.org/who/government-partners）

年	派遣都市	成果（システム・アプリ等）
2011	シアトル、ボストン、フィラデルフィア	学校進学選択マップ、犯罪歴消去
2012	シカゴ、デトロイト、ニューオリンズ他	311プロセス改善、バス通知システム
2013	サンフランシスコ、ラスベガス他	コミュニティヘルスシステム
2014	アトランタ、デンバー、チャタヌガ他	オープンデータ活用、エコシステム
2015	サマービル、インディアナポリス他	教員生徒支援、故郷安全情報提供

者、あるいは自らの経験を活かして起業する者など、それぞれの道を歩む（図4-3）。

図4-3 CfAのコーポレートフェローシップの業務フロー（筆者作成）

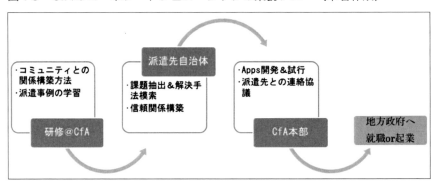

2014年度では、フェロー経験者の55％が自治体や市民向けサービスのスタートアップに就職したり、サンディエゴ市のCDO（チーフデータオフィサー）の要職に就いたりする者もいるなど、一度公的な業務に携わったことがフェローの意識を変え、職業までも変えるインパクトを持っている【注03】。

CfAの活動のアウトカムで、最も市民に見えやすいのはアプリ（Apps）である。以下CfAによるApps・ソリューションの主な例を紹介する（表4-2）。

表4-2　CfAによるApps・ソリューションの例【注04】

Apps名	概要	適用自治体
HONOLULU ANSWERS（ホノルル市民のための検索サイト）	市のサイトの過去ログから市民が良く使う検索用語に、簡単な用語で回答するインターフェイスを構築	ホノルル市、オークランド市
Discover BPS（公立学校選択検索サイト）	公立学校の選択に関する情報や手続きを可視化して保護者に提供	ボストン市
Textizen（市民参加推進サイト）	携帯電話のSMS（テキストメッセージ）を利用した市民アンケートの収集サービス	フィラデルフィア市
GetCallFresh（食糧票提供通知サイト）	フードスタンプ（低所得者向け食費提供サービス）の応募を簡便化	カリフォルニア州
Clear My Record（犯罪履歴抹消申請サイト）	若年者の補導歴など適正手続きがあれば消去可能な軽微犯罪履歴の抹消ができる社会的自立応援サイト	サンフランシスコ市

ブリゲイド（Brigade）

　ブリゲイドとは、「消防団」のように、特定の目的を持つ「団、組」を意味する。いろいろなシビックテックから構成されるブリゲイドは、地元自治体と協働して知見や持てる技術を使って課題解決するなど、オープンガバメントや市民活動に関心の高い地域の組織である。ブリゲイドは、活動熱心なブリゲイドキャプテンと本部との連携の下、課題解決のためのプロジェクトや新規プロジェクトの発掘などを行う市民集会である、「シビックハックナイト（Civic Hack Night）」やアイデアソン・ハッカソンなどのイベントを定期的に開催する。

　CfAのブリゲイドのミッションは、地域の経済発展に貢献するために地域の雇用の確保、地域の安全を守るために元受刑者の更正を促すだけでなく、再犯を防止する社会環境を整備したり、健康を保つために食の保証をしたりするなど、サービスの提供とフィールドの構築を創出すること

117

にある。

　フェローシップが少人数で小さく深く行政に関わるのに対し、ブリゲイドは、組織的に大きく広く地域に関わる点が異なる。現在世界中に130のブリゲイドがあり、米国内には80ある（2017年1月末現在）。運営はすべてボランティアベースで行われている。

　CfAのブリゲイドは、具体的には市民と行政をどう結びつけているか。CfAのユーザーリサーチ＆コミュニティエンゲージメント（市民参画）を担当しているモニック・ブエナ・タン（Monique Buena-Tan）氏によると、そこから米国の市民参画活動におけるシビックテックの立ち位置が理解できる。ブリゲイドの役割は、行政の課題に対してICTで解決できることを提案・調整したりするために、月一度行政部門のリーダーと面談している。2016年11月のCode for Japan Summit 2016に来日し、「人々による政府を作るためのブリゲイドコミュニティ」と題して、「市民による政府を創る」ための取り組みを紹介した際に、ブエナ・タン氏に話を聞いた。

　ブリゲイドのプログラムの改良プランナーとして4年のキャリアを持つブエナ・タン氏は、SF市で活動する以前は、ニューヨーク市（以下、NY市）で都市計画のNPOに従事していた。その過程で公平で参加しやすい仕組みの研究を続け、現場で市民へのインタビューを重ねてきた。それでわかったことは、政府（NY市）と市民との間には大きなギャップがあり、それにも関わらず両者間に対話がないので、市民側にフラストレーションたまっていることである。広聴会（ミュニティボード）は、概して行政からの情報を一方的に話す「押し付け会議」となっていた。より深刻な問題は、ギャップがあるにも関わらず、地方政府（NY市）は何も不都合を感じていないことであった。このような状況を受けて、自分自身で考え、参加することが必要と感じ、コミュニティボードではなく小グループで議論する

118 ▶▶▶ Chapter4　米国におけるシビックテックイノベーション

場を演出した。

　市民や行政などそれぞれの立場が違うときの連携は困難を極める。イメージも異なる相手とコラボレーションが難しい場合、どうすれば良いか。また、課題を解決するには何が必要かについて、次のように述べている。

　コミュニティビルディングするための視点は、複数の視点を持ち込むこと、対話と学習を育成すること、行政とコミュニティをつなぐこと、である。その結果、地域住民が発言できる場所を創出すると、市民の安心感や意見が尊重され、対話活動が多様性を持つようになる。

　市民と行政のギャップを埋めて対話と協働を促す3つの方法は、次の3点であるとブエナ・タン氏は述べる。

①共通言語を使用する "Use a common language"

　立場の異なる人々が等しく理解できるように、わかりやすい言葉で説明し合うことが重要である。市民や関心ある人々誰もが理解して参加できることをめざす。

②期待値を管理する "Manage expectations"

　シビックテックとできることを理解できるように、少人数で質問をしてみんなで答える。その結果、行政に対して意見をいいたい人や話が苦手な人でも、公平に意見交換できる。

　イベント開催前に、どのようなイベントでどんな成果が期待されるかについて設定し、議題を事前に公開することにより、参加者全員が期待値を把握・共有できる。

③中間地点で会う "Meet them Half-Way"

　対話を進めるにあたっては、Empathy（同感すること）を実践する。すなわち、相手の立場に立って考え、自分の考えだけを押し付けない。このことがゴールに向かうヒントになる。一方の都合に寄り過ぎた意見を押し通すのでな

く、相互に納得できるポイントが重要である。また、ブリ
ゲイドが市民と行政の対話をより緊密に盛り上げるために、
いくつかのITコミュニケーションツールを活用するよう
にしている（表4-3）。

表4-3　市民コミュニティ活動に有用なコミュニケーションツールの例（CfAブ
エナ・タン氏の発言や各ツールのホームページをもとに筆者作成）

ツール名	内　容	メリット
Meet up	イベント情報のプラットフォーム	米国内各地のCfAイベントがわかる
Medium	自分の経験、記事やキャプテンやファウンダーの記事も見られる	成功ノウハウや＆失敗談を共有可能
Slack	どこで誰がどんな活動しているかがわかるチャットツール	600人が情報共有、質疑回答できる、相互学習できる
Loomio	共同して意思決定をする際に便利なツール	意思決定の過程や解決策の提案投票を見ることができる
Google Docs	各地との共同が必要な際、地理的に離れていても事務連携できる	ドキュメントの共同編集やコメント交換ができる

　CfAが活動する以前は、異なるコミュニティが出会う機
会が少なかったが、ブリゲイドによる週末を利用した対話
プロジェクトにより交流が実現した。イベントの終了後、
討議の内容を図にして市庁舎内に掲示することで、皆が情
報を共有して課題に対する理解を深め、市民と行政とが未
来のビジョンを共創できた。さらに市民側の疑問、行政側
の質問など、両者がもっと知りたいと思うきっかけになり、
市民と行政をつなぐ場の創出ができた意義は大きい。

　ブリゲイドの活動から得られたノウハウを活かして、「今
後は住民の地域参加や選挙運動など、コミュニティボード
以外の課題についても、市民が自治意識を持って対話す
る流れとなるよう活動していく」と、ブエナ・タン氏は述
べた。

120 ▶▶▶ Chapter4　米国におけるシビックテックイノベーション

スタートアップ（Startup）

　スタートアップは、市民が有する技術のエコシステム（Civic Tech Echo System）を構築することを目的として、オープンガバメント推進に寄与するICT起業家を支援する助成プログラムである。プログラムは、起業する人のためのインキュベーターと、ICT企業を支援するアクセラレーターの2本から構成される。

　インキュベーターは、特に優秀で将来性のある起業家に対して1万ドルを支給し、CfA本部の活動スペースを提供される。また、6か月間政府系関係者からの助言を受けることができる。

　アクセラレーターは、すでに起業したICT企業を支援するために2万5000ドルを支給し、スペースの提供を受ける。政府が所有するデータをICT技術者が利用可能な形で活用するエコシステムは、オープンガバメント政策におけるICTベンチャー企業の育成策である（2012〜2014年）。

　アクセラレーターの成功例として、CfAの2011年フェロー（ニューオリンズ市（以下、NO市）へ派遣）として活躍した、エディ・テジェタ氏が起業したIT企業であるCivicInsightがある【注05】。同社は、NO市に派遣されたエディ氏が、ハリケーン・カトリーナで被災した同市の住宅復興に貢献したことが契機となって、NO市のデータを活用したアプリを開発した。アプリは、建築許可の手続きの開設や認定状況の結果を地図上に示したり、市内の新たな建築状況の把握をダッシュボードで一覧できたり、メールを受信したりすることができる。エディ氏は、「データに新たな命を吹き込む（有用にする）"We can breathe life into Data"」ために、公共データを有効に使って、NO市や住民の情報共有や政策に役立てるビジネスを立ち上げた、シビックテック・アントレプレナーである。

スタートアッププログラムにより自治体の現場に入った
フェローが、自治体と連携して課題を解決するうちに、各
自治体に共通する課題を把握し、それをビジネスとして起
業する流れは、地域経済振興のエコシステムである。この
Gov Techビジネスは、今後のわが国の地方再生のヒント
にもなり得るのではないか。

ピアネットワーク（Peer Network）

ピアネットワークとは、フェローシッププログラムに参
加した自治体のネットワークであり、フェローが自治体に
介在して生み出された成功事例（ベストプラクティス）や、
アプリを横展開して共有するためのネットワークである。
全米の50以上の自治体が参加している。

このほか、他国のオープンデータやオープンガバメン
ト推進のためにCfAが協力する事業もある。実践コミュニ
ティは、「ヘルス＆ヒューマンサービス」、「経済開発」、「安
全と公正」、「コミュニケーションと参画」の4分野にフォー
カスして活動するようになっている。現在は、実践コミュ
ニティ（Community of Practice）に変更されており、より
具体的な事業が展開されている。

CfAが行政サービスを改善した成功事例としてフードス
タンプ（食糧票）がある。これは、かつて生活保護受給者
が月1回の食糧票の発券に福祉事務所に長い行列をなして
時間をかけて受給するもので、受給者も事務局側も労力を
要する作業であった。

その状況は、システムとアプリを開発することにより、
行列しなくても携帯を通じて受給できるようにしたところ、
双方の手間が劇的に改善した。この過程でフェローが業務
フローを調査し、貧困層が食糧票を登録できない理由を発
見し、登録できない受給者の所持金がわかっていない現状

を発見した。

　その原因は、受給者が銀行から食糧票の金額を引き出す際に銀行から1回あたり75セントの手数料を徴収されていることにあった。銀行は州全体で年間2000万ドル（約22億円）の手数料収入を得ていることが判明した。これを解決するため、無料で講座残金が確認できるアプリを開発し、手数料はかからなくなった。カリフォルニア州のフードスタンプの改善例は他の州へと導入され、多くの地域で活用されている。

国際活動（Code for All）

　Code for All【注06】は、シビックイノベーターの国際的なネットワークである。デジタルテクノロジーが公共領域に市民参画のための新たなチャンネルを開き、コミュニティに積極的なインパクトをもたらすことを目的とする。Code for Allは、以下の活動方針を掲げている（以下要約）。

（ITで）何ができるかを（市民に）示すこと

　すなわち、CfAのスタッフは、データにもとづいてユーザー（市民）中心の双方向な方法を用いて、シンプルで使いやすく、しかも費用も抑えた政府（自治体を含む）のデジタルインターフェイスを新たに作り、今までの手法よりも手軽に公共イノベーションを創出する。

市民のためにともに作ること

　すなわち、市民共同参画による変革は基本であり、官僚制と市民サービスを改善することは、公共部門の持続的な変化に最も有効である。

政府と市民社会とを改善するが、政治の改善ではないこと

すなわち、官僚制と市民社会との運営を通じて政策の実行と公共サービスを届けることに焦点を当てる。

公の中で活動すること
すなわち、すべてのデジタルツールはオープンソースであり、横展開するために再利用する。

エコシステムを作るのを支援すること
すなわち、ツールや標準やプラットフォームを使えるときは、知識や資源を使って作ることで良い仕事ができる。

拡大する米国シビックテック市場

ナイト財団のレポートによると、2015年のシビックテック市場は64億ドル（約7040億円）と推計され、そのうち、25.5億ドル（約2800億円、約40％）を州や地方政府（自治体）が利用する。また、2013年から2018年の5年間における市場の成長は、従来の自治体のIT投資額に比べて14倍も速く成長すると予測されている。これを受けて、2011年から2013年のプライベートや企業のフィランソロピーとしてのシビックテックへの投資は、全体投資額の23％にあたる4億3100万ドル（約474億円）にも上ると述べている【注07】。

Omidyar Networkのレポートによると、シビックテックに対するベンチャーキャピタルの投資額は、2013年に2億2500万ドル（約247億5000万円）であったのが、2015年には4億9300万ドル（約542億3000万円）と拡大している【注08】。

米国SF市に見るシビックテック群像

　以下では、CfAのメンバーや、SF市とともに市民向けにデータ活用サービスを向上させたITエンジニアの声を聞くことで、米国におけるシビックテックの活動の内容と、彼らの活動に対する想いを語ってもらった。（1）と（2）は企業人として自治体のサービス改善に尽力し、社会へインパクトを与えた2人のシビックエンジニアに、（3）は地域課題解決のためにシビックテックとともに働いたSF市職員に聞いた。

（1）Brian Purchia Communications, CEO、Brian Purchia氏

　ブライアン・プルチア氏は、前SF市長（現カリフォルニア州副知事Gavin Newsom氏）の呼びかけで、SF市のニューメディア戦略担当として、オープンデータを多様なメディアを使って庁内職員やCfAとともに推進した実績を持つ、シビックイノベーションの戦略コンサルタントの代表である（Brian Purchia Communiations社、以下、BPC社）。過去にモバイルTVネットワークの開発の経験やボイス・オブ・アメリカのリポーターとして活躍していたプルチア氏は、フォーチュン誌トップ500の企業や社会変革をめざす団体、スタートアップ企業、政治家、労働組合など、組織に対してニューメディアを使いこなすアドバイザーとして従事していた。プルチア氏にSF市との協働について聞いた。

　プルチア氏は、SF市のオープンデータ活用を推進するために、2009年SF市役所とアントレプレナープログラムを実施した。市の予算を充当して6か月間市役所に入って課題解決に従事した。具体的には、コミュニティが必要とするデータについて、CfAとともに実施する事業のプランを

125

立ててオープンデータ化した。また、当時、SF市の旧態依然であった情報レガシーシステムの更新に当たり、マルチプルエージェントシステムを提案した。

　さらに、FEMA（緊急事態管理庁）とともに、災害データコミュニティ（災害時に地域が情報集約を市と共有できるシステム）を作成し、地域防災のプラットフォームとした。これは、ボストン市のレストランの具材の新鮮さを見分けるプラットフォームを流用して、オンラインチャレンジで作成したものである。

　また、SF市のサイトにアプリストアを設置して、予算がどう使われていくかを可視化するアプリを作成した。市民に使われるアプリは、動的および静的な統計データを用いて、共通の問題を若い世代や多様な市民が取り組めるようにすることが必要である。例えば、300万ドルの予算を使った市の雇用促進事業では、事業を外注するたびにガスステーションや他のライフラインのデータを統合していった結果、雇用促進だけでなく防災ハザードマップとしても使えるよう進化させた。

　この「データ・コミュニティ・レジリエンス・スコア」は、毎日のデータの積み重ねによって、オープンデータセットとして消防局のトレーニングに活用されている。現在、SF市のホムゼイ氏（Neighbor Empowerment Network（NEN）、後述）とともに、シニアセンターの位置情報や赤十字のデータセットを合わせた、コミュニティダッシュボードを作成している。

　BPC社のビジネスモデルは、行政がこれまで大手ベンダーに10億ドル（約1100億円）以上も支払っているシステムを、シビック・スタートアップ（CfAのプログラムの1つ）を活用することにより、デザイン費程度で改善していく作業をコーディネーションすることにある。そのため、インキュベータファンドとして1億4300万ドル（約157億円）を州政府やその他から投資を集めている。同じスタイ

126 ▶▶▶ Chapter4　米国におけるシビックテックイノベーション

ルの例として、SF市の他に米国ではNY市がある。

前述のボストン市では、市のデータを活用して、どのレストランが新鮮な具材を提供しているかをマップで見ることができるアプリを作成した。シカゴ市では、過去の大火で子供が死亡した際のデータ等を集約して、火災発生予測地域マップを作成した。

また、上記のようなオープンデータのコンサルティングだけでなく、消防、警察、メディア、NENとともに、1日に3時間のデータ活用トレーニングを4つのコミュニティで2600人を対象に防災計画の実践訓練を実施した。SF市における現状の課題は、米国へ流れ込む多くの移民に対応する防災プログラムである。

現在は、SF市だけでなく、カリフォルニア州のヘルスデータを州民が使えるデータポータルサイトを制作する「California Health Data Project」に協力するなど、プルチア氏は多くの自治体のデータ活用推進に貢献している。

シビックテックによるこれらの活動は、「地域コミュニティへの橋渡し（A Bridging to Local Community）」と呼ばれている。ブリッジング（橋渡し）は、ネットワーキングを得意とするシビックテックの新たなビジネスとなっている。

例えばプルチア氏は、SF市やCfAと協働してデータ活用を推進した経験をもとに、市民と行政とをつなぐ新たなビジネスとしてCivicMakersを立ち上げた【注09】。

CivicMakersのミッションは、「共感を持って公共の課題を解決する」ことにある。すなわち、研修、コンサルテーション、コミュニティ活動を通じて、社会的使命を持つ組織や社会起業家等に対して、協働による人間中心の課題解決型の活動を支援することにある。具体的には、市民活動支援の経験豊富なスタッフが、クライアントに対して共感を得ながら解決手法をともに探るプロセスを採っている。クライアントには、SF市のSTIR（スタートアップ支援策

の1つ、第7章参照）やCfAのほか、シビックテック企業への応援も行うなど、多彩な業務を受託している。

　また、ブリッジングするためのイベントも主催している（表4-4）。2014年から始まったイベントではあるが、3年間のうちにニーズや参加対象の変遷が概観でき、地域コミュニティを支援するビジネスに成長していることが伺える。共感して共創するところに、これまでの企業業態では行き届きにくい、シビックテック独自のビジネス領域が期待される。

表4-4　CivicMakersが主催する市民参画イベント・ワークショップの例（Civic-MakersのWEBをもとに筆者作成）

年次	テーマ	参加対象
2014年	透明性・アクセシビリティについて、技術を利用したより良い民主主義とは、包括的なコミュニティを作るには	市民、地域コミュニティ活動家、シビックテックなど
2015年	未来の選挙、職場における民主主義、公共ブロードバンド、スタートアッププログラム	市民、地域コミュニティ活動家、起業家など
2016年	社会的インパクトと女性、市民起業家、スタートアップスキルシェア＆トレーニング、デザインシンキング	市民、地域コミュニティ活動家、起業家、シビックテックなど

　なお、プルチア氏は、市民・事業者のデータ活用について、「データ活用を進展させるには、ユーザーである市民や企業にサービスを使ってもらうことが第1であり、何よりもわかりやすく伝えることが大切である。そのために、ときにはメディアの力を借りることも重要である」と述べて、シビックテックイノベーションの普及には、メディア戦略が不可欠であることを示唆している。

（2）Appallicious社CEO、Yo Yoshida氏

　Appallicious社のCEOであり、アプリ開発コーディネーターであるYo Yoshida氏によると、前SF市長（現カリフォルニア州副知事Gavin Newsom氏）が着任する以前は、市民は税金の使途を知らないし、SF市側もデータを作って置

128 ▶▶▶ Chapter4　米国におけるシビックテックイノベーション

くだけのスタンスであった。それがITを使ってOpen311
等のアプリを開発することでデータが活用できる状態に
なり、市民はこれまでと違うSF市の変化を感じ取ったと
いう。

Appallicious社は、地方政府（自治体）のオープンデー
タを可視化することで、行政サービスを市民にわかりやす
くすることを業務としている。特にスマートフォン向けの
アプリ開発により、SF市の市民サービスの向上に貢献して
いる。

ヨシダ氏によると、SF市のオープンデータのカタログサ
イトの構築を請け負ったSoclata社は、データの置き場所と
それを見られるプラットフォームやアプリを開発したこと
で、データ活用に対する行政や市民の意識が変わってきた
という。

10年前のSF市は、データを公開することに消極的であっ
たが、公開により現状が把握でき、その対策としてアプリが
開発されて市民サービスが向上することがわかると、公開
に積極的になってきた。現在のオープンデータポリシーを
持つSF市は、基本的にデータを市民に見せること（Open
by Default）を原則として、カタログサイト「Data.SF」を
公開している。

しかし、中には、今なお市民側からデータが見えにくい
ケースがある。その場合は、地図上プラットフォーム（GIS
システム）に落とし込むなど視覚的な工夫をすることによ
り改善している【注10】。

ヨシダ氏は、「市民はデータの見方がわかると、データ
の必要性も理解し始めた。市民からの要求に応えて地図上
のコンテンツも変えることを踏まえて、SF市は毎晩データ
を自動的に更新している。地図上にあるコンテンツは図書
館や警察の位置情報など、基本的には大きく変わることの
ない静的な情報に加えて、コミュニティの危険度マップや
ヒートマップデータなど新しい情報により刻々と変化する

動的なデータも揃っている」と話す。

　Truliaという SF市で始まった不動産検索サイトは、家賃、不動産、学校など地域の出来事に加えて治安が掲載された地図データに対して、さまざまな分野から反対意見も出たが、不動産会社の広告を合わせて表示することでバランスを取った。

「危険度マップの公開と市民の利便性向上という難しい問題はあるが、法的責任を誰が取るかではなく、社会全体で取るように工夫することが重要である」と、ヨシダ氏は述べている。

（3）Neighborhood　Empowerment　Network（NEN）、Daniel G. Homsey 氏

　市民との共同参画活動のために、オープンデータを活用している非営利団体の状況について、SF市のNENのディレクターであるホムゼイ氏（Daniel G. Homsey, Director Neighborhood Resilience）は、シビックテックとの関係について述べている。NENは2007年に設立された地域の自立を支援するネットワークである。防災について行政がすべてに対応するのではなく、住民自らが決めて行動していくことで、災害が起きても被害のダメージを最小限にとどめ、速やかな復興をするための「レジリエンス（復元力）」を持つ街作りをめざしている。人口約80万人のSF市は、ベイエリアに大学が多い関係で、若い人が在学中に市内に居住する割合が高い。しかし、地域防災の面から見ると、卒業後は転出する人が多い「仮の市民」であり、自分の住む街を自然災害から守るという意識は一般市民に比べて低い。地域の防災力を高めることが早い復興を生むことにつながり、中長期的には街の衰退に歯止めをかけることを住民に意識してもらう活動をミッションとしている。

　過去に大きな地震災害を被ったSF市では、オープンデータを用いた地図データを作成・公開している。具体的には、

130 ▸▸▸ Chapter4　米国におけるシビックテックイノベーション

NASAのデータや気象データ、過去の地震被害データ、地域の危険度データなどの異なるデータを統合して可視化している。

　また、他の地域の災害事例を学ぶことも重要と考えており、ニュージーランドでのクライストチャーチ地震（2011年）の現地インタビューに行き、被害調査マップのヒアリングをした。その結果、倒壊した現地のテレビ局について、耐震化に問題があったにも関わらず、建設を進めた経緯があったことがわかった。これを受けてSF市の耐震化されたビルの位置をマップ上へ掲載している。

　ニューオリンズ市（以下、NO市）では、ハリケーン・カトリーナの後、市が洪水被害マップを作り、街のぜい弱な地域を明示することを嫌がった。これに対して、クライストチャーチ市は、軟弱な土地の上に弱い家を建てる愚かしさを繰り返さないために、地域の災害に対するぜい弱性についてオープンデータ化したのである【注11】。その結果、市民は徐々にクライストチャーチ市の進め方を信用することになった。

　ホムゼイ氏は、「SF市の場合、地図データを公開するにあたっては、地区や民族ごとに街の様相がまったく異なるので留意している。例えば、同じPTAでもその力が強い地区と弱い地区とがあり、同じ取り扱いができない場合がある」という。

　また、SF市役所とNENとの間に軋轢が生じる場合もあった。そこで2008年に「データを活用した対話」キャンペーンを展開して両者の融和に努めた。庁内には「古き良き再開発」のやり方を好む職員もいるが、そうした固執者は徐々に減っているという。

　データ整備で得られた知見として、①データを隠せば信用をなくす、②住宅を探している市民の多くは、スマホで情報を得ている、などがある。SF市の住宅の7割は賃貸住宅が占めており、かつ生活費が高いため、行政からの住宅

情報の提供は、市民や事業者にとって重要である。

　SF市のオープンデータの改革も当初は多くの反対意見があった。しかし、ホムゼイ氏のような熱意ある担当職員がシビックテックとタッグを組み、「小さなイノベーター（ホムゼイ氏の表現）」となって自治体、企業、市民とが協調する橋渡しをして、市民サービスの多様性と創造性とを得ることができた。行政は地域の種々の活動やまち作りに関する市民の議論を活発化するためにも、データの積極的な蓄積・公開を通じて透明性と信頼性とを確保すべきである。

　現在SF市では、データサンフランシスコSFオープンブックとして経済指標を掲載しているほか、公務員個人の名前で給与が検索できるなどのサービスをオンライン上で行っている。この流れをさらに進めてオープンデータの市民活用をいっそう進めるために、「Neighborhoodセミナー」を開催している。最近は、市民の給与と年金との関係の可視化に取り組んでいるという。

　ここでは、SF市の「Resilient Miraloma Park Resilient Action Plan」を紹介する。このプランは、わが国と同様、地震災害が多いSF市において、地震災害の被害軽減のために市民・事業者・行政が協働して地域の脆弱性を知り、対策を考えるプランである。地域の脆弱性を図るSWOT分析にオープンデータを活用している（図4-4）。

　テーブル1では自然災害に対するハザードを、テーブル2ではより具体的な被害想定について、SF市が有する人口や住居数のデータからコミュニティ・プロファイルを作成し、土砂崩れ危険度マップや二酸化炭素排出によるヒートマップについて、地域との協働ワークショップで作成している。ホムゼイ氏は、このプロジェクトを実施するにあたり、ハリケーン・カトリーナ（2005年）で大きな被害を被ったニューオリンズ市を参考にしたと述べた。

　余談であるが、ハリケーン・カトリーナにより大きな被害を受けたNO市は、復興計画の策定にあたり、さまざ

図4-4　Miraloma Park地域の自然災害に対するぜい弱性についてのSWOT分析図（左）と説明するSF市職員のホムゼイ氏（右）

なステークホルダーが当初介在したことが原因で、災害復興計画の市民コンセンサスがなかなか得られず復旧が遅れていた。1年後の2006年にNO市の代表団が、神戸市を視察・ヒアリングして官民一体となった街作りを学んだ。その後、市民やステークホルダーが知恵を出し合い、市民コンセンサスを得てNO市リバイバルプラン（UNOP：Unified New Orleans Plan）を策定して、住民や利害関係者との合意ができたことにより復旧が進み、今日の復興を達成した経緯がある。

　国内外を問わず、被災地の知恵が有機的につながることで、より具体的な震災復興計画が達成できたのである。自然災害に襲われた被災地で生まれた復旧・復興の知恵と経験とを共有することの重要性を認識させるエピソードである。

　災害から10年を得たNO市は、今では全米有数のスタートアップシティ（起業家を輩出する街）に成長している。

　シビックテックが作成したハザードマップを活用したNENの活動を通じて、Resilient Bayviewを地域住民と作り上げているホムゼイ氏の言葉は、市民活動に行政がインスパイアされた好例である。

氏は語る。

「防災は、すべての人が行動を起こすことであって、多くのお金を使うことではない」

「われわれは防災文化をともに創り出しているのであって、だからこそ（行政に属する）私もその一部となるのです」と。

【注03】http://archive.codeforamerica.org/about/

【注04】HONOLULU ANSWERS（https://hnlgovanswers.herokuapp.com/）／Discover BPS（http://discoverbps.bostonpublicschools.org/）／Textizen（https://www.textizen.com/welcome）／GetCalFresh（https://www.codeforamerica.org/products/getcalfresh）／Clear My Record（https://www.codeforamerica.org/products/clear-my-record）

【注05】http://civicinsight.com/

【注06】https://codeforall.org/

【注07】

"The Emergence of Civic Tech: Investment in a Growing Field"（2013）https://www.knightfoundation.org/media/uploads/publication_pdfs/knight-civic-tech.pdf

【注08】"Engines of Change"（Omidyar Network, 2016）http://enginesofchange.omidyar.com/

【注09】http://civicmakers.com/about/#team

【注10】http://appallicious.com/#planning

【注11】http://odimpact.org/case-new-zealands-christchurch-earthquake\vskip\baselineskip-clusters.html

---

＜Column④＞　バルセロナ市に見るデータドリブン&オープンソース社会

スマートシティで有名な環境先進都市のバルセロナ市を支えてきたのは、ICTとデータである。バルセロナ市のデータ活用戦略の背景は、データ活用の歴史にもとづいている。すなわち、1985年のコールセンターにおける市民からの要望データの蓄積に始まる。1995年には市のWEB開設、

2010年にオープンデータサイト開設など、持続的に発展可能な都市モデルを形成するために、データを蓄積・整理し活用して、市民サービス向上の取り組みを拡大させてきた。

同市の先進的な取り組みの例として、市のデータのみならず、企業や研究機関のデータも共有するため、「老人が気軽に行ける付近の福祉施設」など、Googleにはない検索機能を有している。まさに市民目線からの官民データ活用を実践している。

また、センサーデータも、市内1500か所にある市が設置したセンサーから交通、気象状況など1日に300万データが5分ごとに更新され、市の政策分析に役立てている。市のデータの更新や正確性が崩れるとICTインフラとして活用できなくなるために、透明性確保の点からもデータ整備には留意している【注12】。

市のデータサイトには現在331データセットがあり、月に1万件のデータがダウンロードされている（2016年4月）。主に公共施設、交通、財務状況などが多い。これらが職員用のPCで見やすいダッシュボードに表示されている。

オープンデータを活用したアプリは、交通、公共施設、救急、電気自動車や自転車の充電施設など約1700か所にある。これらの情報を処理し、市の各関連部局へ情報提供しているのが、バルセロナ市都市生態学庁（Agencia d'Ecologica Urbana）である。バルセロナ市都市生態学庁は、市に関するデータサイエンスを分析し提案するITエンジニア集団であり、行政と連携するシビックテックの一形態である。

彼らが処理し可視化する市のデータを統合しているOSがある。それがバルセロナ市のセンサー統合管理プラットフォーム「Sentilo」である。

Sentiloは、バルセロナ市が民間企業と開発した、センサー情報統合管理プラットフォームで、2013年に導入さ

れた。これは、大気汚染状況や騒音、ゴミ箱の状態、駐車場の状況などを感知する、多様な種類のセンサーシステムを一元管理できる。市内にある街灯15万か所、8万台の公共駐車場、4万個のゴミ箱などを管理している。市内の施設から得られるセンサーデータ数は、時間×場所で1日に300万データが蓄積される。センサーの数は1850ノード箇所で、市関連の施設の85庁舎には8500センサーがある。このシステムにより、市のどこの街灯が故障しているかを把握し対応できる。また、騒音モニターは10地域65箇所にあり、地元サッカーチームのホームグランド周辺には騒音センサーが設置され、周辺住民への配慮から観戦客が一定以上の音量を出すとデータで示し、ゲーム主催者に対して罰金を科す仕組みとなっている。システム上では、異なるメーカーのセンサーであっても管理運営できる。

SentiloはCity OSの一部のシステムであり、オープンソースで市と地元のIT企業とが共同で開発した。現在カタルーニャ州と同州のすべての自治体に導入されている。海外では、ドバイ国やブリュッセル、エジプトのカイロ市などで導入されている。さらに、Sentiloのユーザーによるコミュニティもヨーロッパを中心に加盟する自治体が複数ある。なお、Sentlioは、2013年にSmart City Expoで最優秀賞を受賞している。

データの整備・公開・活用が進んだことにより、市のデータを活用したデータジャーナリストによる詳細なデータを表示した記事が増えてきており、市のデータの正確性を一層進める必要が生じている。

バルセロナ市では現在、「スマートシティを超えて—スマートシティからコラボレーティブシティへ—」をめざして2020年までのロードマップに則した施策を展開している。

ガウディの街は、データドリブン社会となってさらに進

化し続けているのだ。

【注12】本情報は、バルセロナ市情報局のLluis Sanz氏や、バルセロナ市都市生態学庁のSalvador氏へのインタビューにもとづく（2016年6月）。

Chapter 5

ヒト・モノ・コトを発火せよ

－新公民のススメ－

5-0

第5章の冒頭にあたって
－地域社会にイノベーションを興す仕かけ－

**本章では、「ヒト・モノ・コトを発火せよ」と称して、シビック
テクノロジーがどのように作用（発火）して課題に取り組み、
地域にイノベーションを興すかについて見るとともに、インタ
ビューによる日本のシビックテック群像を紹介する。**

　第3、4章で見たように、1人のシビックテックの高い問
題意識が、組織全体の動きを変えることがある。その変化
は、社会の「ヒト」、「モノ」、「コト」に現れる。本章では、
この3要素にシビックテクノロジーがどのように作用（発
火）して課題を解決し、社会に変化（イノベーション）を
もたらす機能を持つかについて、その強みと弱みもあわせ
て考察する。

140 ▶▶▶ Chapter5　ヒト・モノ・コトを発火せよ

5-1

シビックテックが変える3要素

ーヒト・モノ・コトー

21世紀は「共創」の時代といわれる。その要素を「ヒト・モノ・コト」の面から見ると、Empathy（共感）によりつながる強みが見える一方で、シビックテックの弱みも見える。その点を明らかにするため、本節では、シビックテックのSWOT分析を試みる。

　21世紀の市民社会では、地域社会の課題に対して多くの市民やエンジニアが参加し、より多くの意見や知見を共有しながら、最適解を見出す協働作業が求められている。SNSなどコミュニティを形成できるメディアの登場により、多くの市民が社会や地域に疑問を抱き、「自分のこと」として関わる機会が増えている。すなわち、「共感（Empathy）」が行動の起点となっている。IoTは、情報伝達そのものをフラットにした。その反面、情報の流通度合による貧富の格差が広がり、貧困の波は静かに足元に迫ってきている。

　このような変化の中で、「何を解決しなければならないか」という市民側の要望に応えるように、テクノロジー側も「この技術でこんなことができる」から、「その課題はこの技術で解決できる」という視点に変わってきたことで、より市民（消費者）とエンジニアとの距離が近づいている。

　一方で、シビックテックの活動は、エンジニア自身の社会に対する接し方や考え方に変化をもたらした。この変化を他の言葉で表せば、影響が大きく広がっていく「発火」であり、「ハッカソン≒発火点」ともいえよう。

　シビックテックは、公共分野のイノベーションを推進す

141

る役割を持つ点で、社会イノベーターであり、社会起業家
（ソーシャルアントレプレナー）となる可能性も持つ。今
後、シンギュラリティ（人口知能（AI）が人間の知能を超
える技術的特異点）など、さまざまな最先端技術がこれら
の共創活動をさらに加速すると考えられる。

　これらを踏まえて、21世紀の共創活動に必要な要素をあ
げると、以下の例がある。

（人間）市民活動の多様化、グローバル化、情報共有の大
　　衆化＆偏在化
　　　⇒「ヒト」
（技術）IoTの進化とコミュニケーション環境（スマホ等）
　　の進化
　　　⇒「モノ」
（社会）共創社会の進化（オープンナレッジ・データ）
　　　⇒「コト」
（経済）共有経済の進展（クラウドファンディング、イン
　　パクト投資）
　　　⇒「カネ」

　共創活動の「ヒト・モノ・コト」は、3つの要素にいい換
えることができる。

　第1は、社会や地域ニーズを満たす活動を他の地域にも
働きかける人間を「ヒト」と捉える。つまり、当事者意識
を持って、市民社会の成熟に資する活動を広範化、多様化
する「新公民」である。

　第2は、市民のために広く活用できる技術を「モノ」と捉
える。すなわち、ネットワーク社会を通じてオープンソー
スで共有できるITの恩恵である。

　第3は、いろいろな知識や経験を共有する社会を作る仕
組みを「コト」と捉える。それは、「モノ」を使って「ヒト」
が協働して創り上げた恩恵や知見を伝播する行動である。

142 ▸▸▸ Chapter5　ヒト・モノ・コトを発火せよ

そして、これらに要する「カネ」を加えると、参画する市民が持つ視点は、次のように変化していく。

「ヒト」⇒
　「解決を依頼する」から「自ら課題を発見し、協働で解決する」へ
「モノ」⇒
　「ITで何が解決できるか」から「課題解決にどうITを使うか」へ
「コト」⇒
　「公共が用意する」から「市民の資産を供用する」へ
「カネ」⇒
　「公金で賄う」から「賛同者も賄う」へ

　これらの「ヒト」「モノ」「コト」「カネ」の要素は、互いに関連し合うことにより相乗効果をもたらし、個々の市民を活動に誘うモチベーションを高める。シビックテックや活動を率いる新公民や行政・企業をつなぐ橋渡し（ブリッジング）活動が、「ヒト」「モノ」「コト」3つの要素を変えるきっかけを作り、それを高度化する流れを作っていることがわかる。

　図5-1に示すように、各要素が重なり合う部分から新たな知見が生み出され、次のステップの要素となっていく。3要素の重なり合った中心には、新たなイノベーションが生まれて、社会のエコシステムとして相関関係を形成しながら伸展していく。

　なお、活動を下支えする「カネ」をどのようにねん出するか。公的補助金や寄付金頼みにするのではなく、労働の対価として支払われるべきであり、新たに公共的なサービスをビジネス化することが必要である。近時は、クラウドファンディングのようにITを活用した社会的インパクト投資による資金調達方法もあるなど、これまでになかった

図5-1 市民協働活動を推進する要素「ヒト×モノ×コト」の相関（筆者作成）

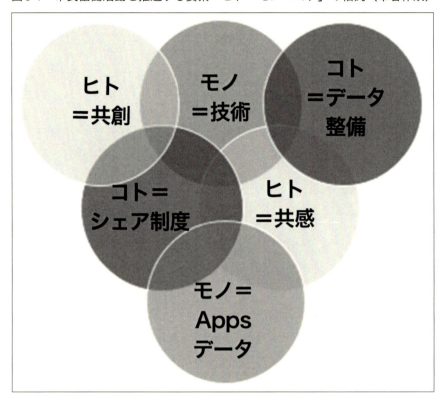

選択肢が登場している。

　シビックテックの活動は、企業による受託事業とは異なり、市民の視点から自らの課題を自らの手で解決するために、IT・データを活用する市民参画・協働活動である。

　では、この流れを伸展させるには何が必要であるのか。上記の「モノ」「ヒト」「コト」3要素の視点を踏まえて、これまでのシビックテック活動から、その特色（強み）と課題（弱み）を検証するために、SWOT分析をしたのが以下の表である（表5-1）。この表よりシビックテックの多様な機能がわかる。

　ここで、内部要因とは、組織的なシビックテック活動面

表5-1　シビックテック活動のSWOT分析（筆者作成、S：Strength（強み）、W：Weakness（弱み）、O：Opportunity（機会）、T：Threaten（脅威）をさす）

	プラス面	マイナス面
内部要因	課題発見力、機動力、企画提案力、市民参加推進力、コミュニティ形成力	遂行能力、財政力、人材確保力、メンテナンス即応性、継続性
外部要因	課題解決、横展開、コミュニティ支援、	継続性、価格競争力、技術信頼性、市場性、調達

におけるプラス点やマイナス点をさす。また、外部要因とは、地域コミュニティや企業・自治体など外部組織との関係性を踏まえたプラス点やマイナス点をさす。

　SWOT図から読み取れる、大手IT業やベンダーにはないシビックテックの主な強みは、次のとおりである。

・企業の請負業務にはない、コミュニティの形成や支援を担うこと
・（自治体や地域の）根本的な課題を発見し、対応策を企画提案すること

・課題解決にあたり、市民の参加を促すこと（オープンガバナンス）
・行政のリソース（オープンデータ）を積極的に利用しようと働きかけること（オープンガバメント）
・一地域の成功事例を他の地域に横展開する波及力があること

　これらの強みからいえることは、自治体や地域との関わりにおいては、シビックテックは既存の企業とは異なり、マーケット性やスケール感の理由により、今まで着手されにくかった分野の課題解決に対応できることがわかる。また、特定の課題に取り組み、コミュニティを形成して市民活動を興す力は、シビックテックが最も得意とする領域である。そこは企業が担当する領域ではなく、また、行政が直接市民に働きかけると市民の自主性を損ないかねない領域でもあることを意味する。

　したがって、市民活動の推進を下支えするシビックテックは、ときにメンターであり、コーディネーターであり、コンサルタントにもなるなど多様な役割を担うことができる。このマルチタスクの多様性がシビックテックが持つ最大の特徴であり、「発火する」という、企業や行政活動とは別の役割を持つことが最大の強みであるといえよう。

　次に、シビックテックの弱みについて見ると、以下のとおりである。

・担当する事業を継続できる運営上の安定性や信頼性を保持することが難しい
・担当する事業の対価を企業と比較すると、価格競争では優位性を保てない
・オープンソースを利活用する点で、企業ほどには技術の信頼性を担保できない

146 ▶▶▶ Chapter5　ヒト・モノ・コトを発火せよ

・地域にコンスタントに仕事がないと、地域にとどまれない
・企画提案など調達における守秘義務とのバランスを取ることが難しい

　組織や財政の点から、シビックテックの運営基盤は、いまだぜい弱な状態にある場合が多く、事業継続性や市場競争力に課題がある。さらに調達についても、メンバーはいろいろな組織から構成されるため、自身の所属する企業が持つノウハウをそのまま企画提案や仕様書に反映させることは、守秘義務や知的財産権などの視点から慎重を期する場合があるなど、企業に比べて多大なエネルギーを必要とする。このため、ボランティアベースではなく、事業として受託しようとすると本来業務への支障もあるなど、ハンディキャップがあることは否めない。しかし、シビックテックが地域社会のエコシステムとして組み入れられるためには、調達制度の検討は避けて通れない課題である（第7章で詳述）。

5-2
シビックテックが仕かける発火点
ーシビックテックのレバレッジ効果ー

シビックテック活動は、地域社会課題を発見・整理し、コミュニティを形成して解決する。さらに、その過程で得られた知見を、他の事例や地域に横展開する過程をたどる。この3ステップの推進作用こそがレバレッジ（てこ）効果である。

　これまでの地域社会における課題の解決は、自治体や企業やNPO団体などが担い、それぞれが解決すべき課題を個別に解決しサービス化してきた。地域課題の解決は、自治体や企業がそれぞれ独自のサービスを展開していたが、シビックテックが参画することにより、よりきめ細かく質の高いサービスを提供できるようになった。加えて、当該自治体や企業・団体だけでなく、他の地域の同様の課題に取り組んでいる主体に対しても適用できる解決手法を提供できるようになった。

　例えば、前述のCode for Kanazawaによる5374（ゴミナシ）アプリは、オープンソースで作られたゆえに他の地域も利活用できる。それぞれの地域は、システムやアプリケーションを一から作る必要はなく、効率的にしかも低コストで同様のサービスを実現できる。その結果、自治体は予定していた予算を別の付加価値（例えば、多言語化）にあてることができ、より質の高いサービスを実現できる。2017年7月には、より高度なサービスを付加した製品版もリリースしている。このことは、シビックテックがオープンソースを使って無料のアプリを作る団体ではなく、プロ

148 ▶▶▶ Chapter5　ヒト・モノ・コトを発火せよ

フェッショナルとしての仕事を提供できる団体であることを如実に示している。

　金沢市から始まった5374は、今では70を超える自治体が採用し、多言語化や地域イベントの追加など、地域色を活かしたコンテンツが追加されている。なお、米国CfAにも同様の例がある（第4章参照）。

　外部の知恵を取り込んで、企業内部にあるアイデアや技術とかけ合わせて新たな製品やサービスを提供するスタイルは、オープンイノベーションである。シビックテックは、地域課題やニーズを発見するのにITを活用して新たなサービスや仕組みを生み出すレバレッジ（てこ）の効果を持つ（図5-2）。

図5-2　シビックテックのレバレッジ効果（図内の斜め矢印がシビックテックによる推進作用。筆者作成）

　発注側と受注側という関係のみにとどまらない「共創」を基本とする点で、シビックテックの力は、課題解決するためのアクションを興す（発火する）機能が期待される。

　このように市民が技術やデータを使って、社会を変えるそのときが「発火点」であるといえる。シビックテックは、レバレッジやブリッジングによりヒト・モノ・コトを発火する社会資本になり得る可能性を持つ。

　これまでの社会課題を解決する技術の多くは、企業や大学・研究機関などの公的な組織から出されることが多かった。企業は市場から新たなニーズを先読みして、新たな製

品やサービスを提供してきたし、大学・研究機関は基礎技術や基盤技術の研究開発に取り組んできた。

その結果、解決された課題は、広く市民が利用できるモノやサービスとなったが、ニーズを持つ市民と企業・大学研究機関が、地域においてともに課題解決をする機会は多くなかった。そのため、課題解決はできても、その過程で生み出された新たな知恵や技術はそれぞれの中に蓄積され、それが他の同様の課題に対して応用される機会は少なかった。すなわち、市民と企業・大学等との関係においては、クローズドイノベーションの関係であった（図5-3）。

図5-3　これまでの課題解決スタイル（筆者作成）

これまでは、社会課題の解決にITを適用することで課題が解決すれば、それで業務は終了し、市民とITエンジニアの関係も終了していた。

これに対して、市民とシビックテックの共創による課題解決する過程では、双方に知見が得られ、共有することができる。

しかし、シビックテックが市民と連携して課題解決をすることにより、協調関係が生まれ、そのプロセスで新たに生み出された知恵や技術が両者に共有される。また、技術はオープンソースとして広く公開され、他都市でも活用できるため、課題解決のひな型も公開可能となるなど、これまでの領域を超える「越境」が推進される（図5-4）。

共創活動で生まれた知見は参画した者へのフィードバックだけでなく、同様の課題を持つ市民・地域にも応用でき

図5-4 協働による課題解決の過程で得られる共有できる知見（筆者作成）

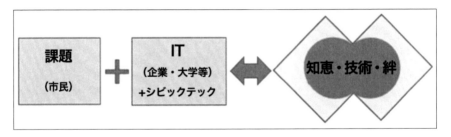

る点が、これまでとは異なるのが特徴である。
　シビックテックが提供するソリューションは、オープンソースやデータを活用したものが多く、その意味でオープンイノベーションといえよう。

5-3
「ヒト」を発火する

ITを使わなくても、地域コミュニティ形成力に長けた市民参画グループは多い。しかし、市民活動グループがITをツールとして活用し、より効果的に「ヒト」に活動モチベーションを与える（発火する）例を紹介する。

シビックテックに求められるものとは？

あなたが地域活動に関わる必要に迫られたとき、あなたには何ができるだろうか。清掃活動？　子供の見守り？　高齢者の介護ボランティア？

役所のサービスは、あなたやあなたの家族にとって必要十分だろうか。「こんなサービスがあれば良いのに」と思うことはないか。

あなたがITエンジニアだとしたら、あなたが持つ技術は地域の役に立てられるだろうか。その求めに応じるモチベーションは何からくるのか。

「自分や家族・知人が困っていることを解決したい」と思うとき、「ヒト」は発火される。

CfAでは、「この方法や技術なら解決できる！」と気づいたときの「Aha!」が、問題解決のブレークスルーの瞬間であると認識されている。

「Aha!」と感じる瞬間が好きで、シビックテック活動を続けている人も多い。

CfJサミット2016のセッションで、この「Aha!」について語ってくれたシビックテック（匿名）の声を聞いた。

152 ▶▶▶ Chapter5　ヒト・モノ・コトを発火せよ

シビックテック活動に参加する理由として、「自社以外の
さまざまな人と知り合い、人脈が広がる」、「コミュニティ
の持つ課題がわかった」、「結局は自分が困っていることを
解決するのが社会にも役立つことがわかった」など、活動
に参加する人々それぞれのモチベーションを持っている。
一方で、「（シビックテック）の運営側になると忙しくて、
技術を提供する時間がなく、活動のモチベーションを保つ
のが難しい」など課題もあり、地域で活動を続けるにはい
ろいろな問題があることを彼らは体感している。
　では、どのようにして「ヒト」を「発火」して課題解決
に取り組むのか。

21世紀型の市民参画活動の潮流？：ローカルグッド

　地域の課題が多様化・複雑化する中で、行政活動がカバー
できない分野はさらに広がると予測される。課題解決のプ
ラットフォームは、行政が作るのではなくて、市民側が作
るという動きが各地で始まっている。その好例が「ローカ
ルグッドヨコハマ（LGY）」である。
　LGYは、企業が持つICT技術とNPOが持つ地域ネット
ワークとを合わせて、地域に新しい「舞台」を作り出すこ
とを目的としている。特定非営利法人横浜コミュニティデ
ザイン・ラボと、アクセンチュア株式会社によって協同運
営されている。
　地域を良くする活動とは「地域のGood＝ステキなイイコ
ト」であると捉え、具体的なプラットフォームとして、①市
民の声を集める機能、②3Dマップ化やインフォグラフィッ
クスを活用した可視化機能、③課題解決のためのクラウド
ファンディングを活用した資金集め機能、がある（図5-5）。
　LGYを運営するNPO法人横浜コミュニティデザイン・

図5-5　ローカルグッドヨコハマのプラットフォームコンセプト（筆者作成）

　ラボの代表理事の杉浦裕樹氏は、ヨコハマ経済新聞の編集長であり、メディアを使い、市民活動に種々の「舞台」をプロデュースしてきた人でもある。
「情報は発信するところに集まる」と、早くから地域からの発信の重要性を説くために始めた「ヨコハマ経済新聞」は、人と人とをつなぐための地域メディアである。また、横浜を例に、国内116地域に「みんなの経済新聞」として地域経済新聞が数多く生まれている。
　杉浦氏は、「発信し続けると地域資源（Public Resource）が集まる。これが、地域のテーマやキーワードとなり蓄積されていく。次の段階として課題を解決するための「舞台（プラットフォーム）」が必要となる」と述べる。
　過去にエンターテインメントシーンの舞台作りを手がけてきた杉浦氏にとってLGYは、「市民活動の『場』を演出したり、ときには活動団体の運営サポートをしたりする中間支援組織として『潤滑油』の役割も果たす機能を持つ」と話す。
「1人1人の市民が、自分にできることが人に役立つことを

実感すれば、自分も幸せになる。そのためには、『他人ご
と』ではなく『自分たちごと』と捉えて取り組めるよう、
市民個人のモチベーションをどう高めるかが重要であり、
それをサポートすることがLGYのミッション」とも語って
いる。

　杉浦氏によると、このミッションは、Custmer Relationship
Management（CRM）ではなく、「CivicRelationship
Management（CRM）」と呼ばれ、3つの要素から構成
される。すなわち、PR（Public Relations）、MR（Media
Relations）、IR（Investor Relations）である。つまり、

　　PR（Public Relations）：広報発信すること
　　MR（Media Relations）：既存メディアにも取り上げても
　　らうこと
　　IR（Investor Relations）：課題解決活動に出資してもらう
　　こと

　LGYとこれまでの市民参画活動を比較すると、これまで
の市民参画運動は、自治体が課題を把握し、その解決に予
算を割り当てて、地域住民が活動する「受託業務」の様相
を呈していた。

　これに対してLGYは、その流れとは逆に、市民が課題を
把握し、その解決に対して自ら資金を募り、地域住民が中
心となって、ときには自治体も「活用」する主体的な活動
である。

　市民から提案される各プロジェクトは、事業計画の概要
および主旨と目的、活動に必要な資金の内訳、プロジェク
トオーナー（提案者）の紹介、支援者の紹介（Facebookや
Twitterアカウント名で公表）、スキルや物品支援募集（司
会やビデオ撮りなど）、参画する人たちがホームページや
SNS上に公開され、まさに「顔の見える」人々との連携を
呼びかけている【注01】。資金募集もクラウドファンディン

グにより、目標と達成状況がわかりやすく説明されている。

　一例を挙げると、子育て、まち作りをテーマとする「よこはま子どもアントレ博2017」開催プロジェクトや、超高齢化団地に位置する障碍者福祉センターとのネットワークを通じて地域の活性化をめざす「障碍者福祉から未来を変える『カプカプの作り方』出版」プロジェクトなどがある。

　LGYの仕組みは、横浜だけでなく福岡、北九州など他の地域にも広まりつつある。その実績を比較したのが表5-2である。

　福岡市では、高齢者と障碍者とが共生する運動会「ねんパラピック」の開催、北九州市では、自分らしい生き方をしている障碍者が、講師となって子供たちに出前授業をする「生き方のデザイナー出前教室」の開催など、各地域で多様なプロジェクトが展開されている。

　参加者数や集まった金額で比較するのではなく、共創した内容について着目されたい。

表5-2　ローカルグッド形式を採用している自治体のプロジェクト実施状況（各地域のローカルグッドのホームページより筆者作成。2017年5月現在）

都市名	イベント参加者	支援した人	集まった金額	成立プロジェクト
横浜市	6340人	591人	10,434,970円	16件
福岡市	722人	46人	1,185,800円	1件
北九州市	282人	90人	991,000円	4件

　ローカルグッド活動で見たように、シビックテックは、情報収集、データ分析や可視化、プロジェクトを紹介し参加を促すサイトの構築、SNSサイトの運営など、さまざまな業務で活動を支えている。ソーシャルメディアを活用したソーシャルキャピタル（社会関係資本）を増幅させる仕組みが、他の地域が同様の事業と立ち上げる際の「敷居」を低くし、活動を始めやすい状況に貢献した功績は大きい。シビックテックは、地域を支える情報基盤によって「市民資産」作りを支援したのである【注02、03】。

ローカルグッドの副次的な成果として、その地でITを駆使して地域課題の解決を生業として活躍する人材が生まれ、彼らの活動が社会資本としてビルドインされ、新たなマーケットが現れつつある。これらの分野が発展していくと、大手ベンダーやIT企業が請け負う業務とは異なる事業領域の市場の登場が期待される。

　「市民は地域資源」であり「市民資産（Public Resource）」の蓄積が重要と捉えるローカルグッドの活動は、まさに「新公民」の源流の1つがヨコハマから始まっていることを示しているといえよう。

【注01】 ローカルグッドヨコハマ3Dマップ
（http://map.yokohama.localgood.jp/）
【注02】 参考図書「調査季報176号」（2015年3月、横浜市政策局編）
【注03】 参考図書「調査季報178号」（2016年3月、横浜市政策局編）

5-4

「モノ」を発火する

コンピューターサイエンスが飛躍的に発展した今日、地球上の
あらゆる企業活動や行政活動はビッグデータに支えられている。
本節では、課題発見の鍵となったり、解決の糸口ともなり得た
りするデータを「モノ」として発火する試みを見る。

データが市民に語りかける

　市民共創社会の活動で見落としてはならない重要な要素
がある。それは、データにもとづく課題の発見や解決の探
求である。企業や研究機関では必須のデータ分析であるが、
市民活動においても、エビデンスベース（データ証拠を基
本とする）で課題を考察し、参画者とともに検証し解決す
ることが求められるようになっている。市民アンケートや
自治会のアンケートなどで得られたデータは、これまで行
政施策のための参考資料であったが、それを行政により公
開されるデータや他の統計データと重ね合わせると、「地
域カルテ」のように地域の将来像が見えるだけでなく、そ
こからまちの課題と必要な対策のヒントが見えてくる。
　例えば、自治体が公開している人口統計、公共施設や福
祉施設の位置情報などにもとづく地区の未来像として、「○
○地域では、子供の減少、現役世代の減少、高齢者の増加に
より、地域の現役世代1.9人で1人を支える構造へと変化す
る」とデータで示されても、それだけでは住民は具体的に
何をすれば良いかを見出しくい。一部の自治体の中には、
自らのデータと他の統計データとを重ね合わせて可視化し

158 ▶▶▶ Chapter5　ヒト・モノ・コトを発火せよ

ている取り組みもある。例えば、千葉市美浜区地域カルテ【注04】のように、国勢調査にもとづく人口密度や増減数と、市の独自調査による自治会組織率や加入率や災害時の要援護者数を合わせた、町丁目別課題比較をヒートマップに表すと、住民は地域の課題を把握しやすい。

さらに住民アンケートで地域のつながりや地域に対して感じること、暮らしやすさなど住民の感覚に問いかける回答と合わせると、地域に満足（不満足）する要点がより明確になる。その意味でデータは、人を動かす動機になる「モノ」である。しかし、このように自治体自ら積極的に地域データの公開に取り組んでいる数は、全国1700自治体の約5％程度に過ぎない【注05】。

シビックテックは、地域課題の掘り下げにデータ活用の必要性を強く感じるがゆえに、行政データの公開を求めているのである。特に、データを可視化（ビジュアライゼーション）する手法の飛躍的な発展により情報共有が容易になり、参画者の興味関心を引くことを支援している。オープンソースを駆使してアプリを作成し、データが市民に語りかけるのを支援する。

第4章で見たように、米国のシビックテックが国や地方政府（自治体）の公開データを活用して地域社会の課題を解決するためには、行政のデータ整理を支援したり、企業に対するよりいっそうのデータ公開を提案・要求したりすることが必要となる。

「モノ」をカスタマイズすることは、「モノ」に新たな付加価値をつけてより便利な仕組みを作ることである。つまり「モノを発火する」ことだ。換言すると、行政のデータに新たな付加価値をつけて、市民に対してより便利な仕組み（サービス）を提供することである。そのために、さまざまなステークホルダーをブリッジングして、「知」をかけ合わせることが重要となってくる。

このプロセスを繰り返すことにより、単なる事実データ

が分析用に使えるデータとなり、市民・事業者などの意思決定ツールとして使える「市民データ」が蓄積されていくのではないか。

アプリが市民活動を刺激する

　一方で、発火が他の地域へ早く伝わることを加速するのが「全国アプリ」とでもいうべき横展開ができ、しかも人気の高いアプリやソリューションである。背景にはスマホの普及があり、アプリによるサービスはモバイルファーストを具体化している。
「このアプリ便利!」と感じた瞬間に、「ヒト」は発火され、有力な広報媒体になる。
　これまで、ハッカソンや地域の需要からオープンソースで作成したアプリが多く生まれ、いろいろな自治体に横展開されると、そのアプリは全国標準となる場合があった。例えば、5374アプリは金沢、保育所マップは札幌、……○○は□□など、各地域発のオリジナルアプリが地域事情に合わせてアレンジされ、利活用される共通プラットフォームとなる。
　各地域で活用され、実績のある横展開できる「全国アプリ」は、データの整備、市民や自治体による評価・推奨、活用のためのショーケースであり、誰もが使いたくなるアプリ自体が有効な宣伝媒体である。地域オリジナルアプリは、シビックテック普及にとって広報ツールでもある。
「市民が『ほしい！』と思ってもらえるアプリを作りたい」というモチベーションをエンジニアが持つことが必要であり、市民が「こんなアプリがほしい」と切に願うようなアプリ開発を促す教育カリキュラムの整備も必要である。
「全国アプリ」を的確に評価し拡充することは、シビックテックのショーケース＆導入パッケージであるとともに、

エコシステムとして地域社会に組み込む好材料でもあるので、今後多くの「全国アプリ」がシビックテックにより世に出ることを期待したい。

なお、優れたアプリを表彰するアーバンデータデザインコンテストなども、近年全国規模だけでなく、地域でも盛んとなっている。

次世代ITエンジニアの育成カリキュラム

レゴブロックやラズベリーパイ、IchigoJam（第1章の1-3を参照）などを使ったプログラミング教材から、スマホアプリ、ゲーム制作、3Dプリンターやドローンなど、ハイテク技術の製品を市民が気軽に使いこなせる時代になった今、それを制御する機械いじりならぬプログラムいじりが一般人のホビーにまで浸透し、身近になっている。

第1章で見たCorderDojoやHana道場の子供たち（図5-6）が、自分でオリジナルゲームを作り出すように、趣味から始めたプログラミングが実用の領域に達することは珍しい話ではない。

ITスキルが多くの人の就労機会を左右する時代になっている。例えば、独立行政法人「情報処理推進機構」が定める「IT標準スキル」は、企業にとって、企業戦略や運営戦略を進めるうえで重要な人材マネジメントの判断材料となったり、組織運営の効率化が望めたりする点で有用である。一方、ITエンジニアにとって、自らのキャリアプランを明確にし、達成すべき目標を定めることができる【注06】。

このようなIT人材スキルの可視化が進むほどに、教育カリキュラムの充実が求められる。IT人材の育成カリキュラムは、今後より細分化・専門化されるとともに、教育ビジネスとして拡大していくと見られる。

文字の書き方を極めると「書と道」となり、数字を極め

図5-6　Hana道場でプログラムを学ぶ子ども（jig.jp福野氏提供）

ると「算術」となったように、既存の製品のプログラミングを変更して自分の好みに合わせてカスタマイズすることが普通となってきた。実際、プログラミングは21世紀の「読み書きそろばん」である。その状況のもと、シビックテックによる現代の「そろばん塾」は、次世代のIT人材養成の発火点となり、各地域で拠点を興す活動が広がっている（第1章の1-1を参照）。この過程を通じて、地域独自の集合知が次世代のITエンジニアを育てるカリキュラムとして確立され、社会資本となることを期待したい。

【注04】美浜区地域カルテ
（http://www.city.chiba.jp/mihama/chiikishinko/chiiki_top.html）
【注05】「地方公共団体等におけるオープンデータの具体的な取組等に対する調査研究報告書」（総務省自治行政局地域情報政策室、2016年3月）http://www.soumu.go.jp/main_content/000421256.pdf
【注06】独立行政法人情報処理推進機構（IPA）、「IT標準スキルはやわかり」（2012年7月）https://www.ipa.go.jp/files/000025745.pdf

5-5

「コト」を発火する

市民社会での課題をともに発見する手法として、アイデアソン、ハッカソンが最近頻繁に開催されている。そこで出されたアイデアやオープンソースをオープンデータとかけ合わせて、新しい「コト」を仕掛ける過程を見る。

アイデアソン・ハッカソンの次に来るもの

　社会科学者のロバート・パットナムは、社会資本（ソーシャルキャピタル）を「人々の協調行動を活発化することによって、社会の効率性を改善できる「信頼」、「規範」、「ネットワーク」といった社会組織の特徴」であると定義した。そして、ソーシャルキャピタルが豊かなら、人々は互いに信用し、自発的に協力して最適な解決策を見出すとしている【注07】。

　パットナムがいう人々の協調行動は、本稿でいう「コト」の発火である。

　民主的な協調行動の1つであり、課題解決の手法として広まっているのが、アイデアソンやハッカソンなどのイベントである。データソン（データを使ってアプリを充実させる）や、公開されている地域の地図データを使うオープンストリートマップなど、シビックテックたちの引導により市民の協調行動は進化し、拡大し続けている。地域の文化・歴史を発掘する良いイベントとして市民に親しまれている「コト」作りである。

　一方で、アイデアソンやハッカソンは一時的なイベント

163

に過ぎず、解決の成果が出にくいとして、その効果に疑問を持つ意見もある。そこで、一過性のイベントで終わらないように、主催者や参加者によるボランティア的で継続的な協議がなされている事例もある。これらのイベントは、ゼロから課題を掘り起こす作業プロセスの始めの第一歩の「発火点」となる「コト」作りである。

誰もがData Creatorになれる環境作り：Link-Data

「生物学は、ゲノムレベルから細胞レベル、さらには生態系レベルにいたるまで、これらに関するデータが公開され、研究者の間で共有されている。研究者は、各レベルにおけるデータをつないで研究解析を進める「オープンサイエンス」が当然の世界」と語るのは、LinkData事務局長である下山紗代子氏である。

　オープンサイエンスの世界では、研究や実験結果からデータを作る研究者は多いが、技術的なハードルなどの理由により、データベースを作れない研究者も少なからずいる。

　かつて理化学研究所のバイオインフォマティクス分野の研究者であった下山氏は、「技術のハードルは、技術で下げることができる。より多くの人がデータを利用できるようにするのがIT」であり、エクセルデータ等をWEB上に自動でデータベース化できるようにLinkData（以下、LD）のサイトで提供している。

「誰でも自由に使えるオープンデータは公共財。技術問題が解決できれば、データを作れる人が広く社会に貢献できる」として、2011年以来初心者でもデータを作りやすい環境作りを進めている。

　2012年には、オープンデータを推進するコンテスト

164 ▶▶▶ Chapter5　ヒト・モノ・コトを発火せよ

「Linked Open Data チャレンジ Japan」への参加・受賞（アプリケーション部門最優秀賞）をきっかけに、バイオインフォマティクス分野から、社会課題解決のためのデータ作成環境の構築を進めている。

LDの活動は、以下の4項目がある（図5-7）。

① LinkData：テーブルデータの変換と公開をサポート
② App. LinkData：アプリケーションの作成と公開をサポート
③ Knowledge Connector：ナレッジの公開とマッチングをサポート
④ CityData：地域のリソース情報の共有とコミュニティ育成をサポート

図5-7　LinkDataのサイト（http://linkdata.org/）

LinkDataは、エクセルやテキストファイルを、3段階で手軽にオープンデータにできるサイトである（図5-8）。このほか人気のデータセットや科学データセットを掲載したり、サイト利用者自らが作成したデータセットや、他のお気に入りのデータセットの評価やランキングを掲載したりしている。

図5-8　LinkDataによるオープンデータ化の3ステップ（出典：LinkDataのサイト）

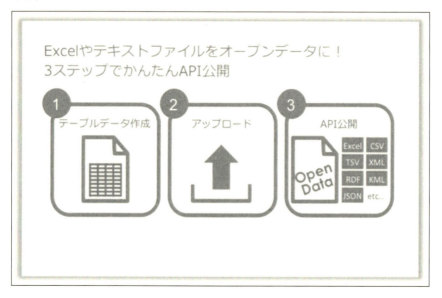

　App. LinkDataは、オープンデータを使ってアプリを作成し、公開を支援するサイトである。LDのサイトから公開されているデータ作品を入力データとして選び、好みのアプリを作ることができる。逐次公開されているアプリ作品のコードをコピーして、新たにアプリ作品を作り（＝Fork）、公開する。

　Knowledge Connectorは、ハッカソンやアイデアソンの成果を共有したり、ビジネス化を支援したりするほか、アイデアや技術を持つ人材情報を掲載するサイトである。さ

まざまな活動を通じて生まれたアイデアやアプリ、データをイベント限りで終わりにするのでなく、共有することを目的とすることで、イベントに参加できなかった人や他の地域の人も参考にできる「知識をつなぐ（Knowledge Connection）」機能を持つ。

CityDataは、地域資源の情報をオープンデータとして共有していくためのデータベースサイトである。「地域課題は地域の市民が一番よく知っており、データは地域の貴重な財産である」と、市民がデータを蓄積できるプラットフォームも提供している。

市民が作るデータの大切さ

LODチャレンジ（Linked Open Data チャレンジ Japan）【注08】は、データを作れる（扱える）人と使える人を増やすためのコンテストである。あわせて、データ活用のニーズを増やすことも狙いとしている。LODやVDC、COG（後述）などに応募・参加した学生は、コンテストに参加することが単位として認定される。また、彼らは、学年ごとに応募したアプリを「進化」させて先輩たちの成果を高度化させるなど、データ活用の担い手として育ち、次世代に伝えていく。

一方で、下山氏は「趣味としてデータを作ることも大切」と、楽しみながらデータを作る姿勢も重要であると強調する。

「データを作る人は、自分が興味ある分野で楽しみながら趣味の視点で作ってほしい。「マグロが食べられる店」データを作った中学生、「神奈川県の名所データ」を作った高齢者など、市民が自由に作ったデータリソースがつながることで新たな分野の発見があったり、また未知の分野に興味を持つモチベーションとなったりする」からである。

167

「ニューヨーク市では、市と民間がともにデータ公開を進めており、市の公式データカタログに民間のデータも掲載している。データの使い手から見れば、データが公であろうが民であろうがリソースが豊富であることに越したことはない。ただし、データの出典を明示することで、責任境界を明確にしている」

「（地域貢献の）オープンデータはなくても不利益はないが、機会喪失していることになる。LinkDataとLGY（ローカルグッドヨコハマ）とのコラボレーションで、地域に貢献できる人のデータベース作りを進めようとしている。記事が書ける人、写真が撮れる人など経験とスキルを持つ人が、地域貢献の意思があれば登録・公開しておき、必要時に活動してもらう。地域人材をくみ上げる手段として、またリーチするパスとしても（データ化は）有効」と述べる。人が意識して「コト」作りすることが大切であることがわかる。

災害時のシビックテックの協力：ITを活用した被災自治体支援

　災害時の対応策の検討にアイデアソンやハッカソンが「ヒト、モノ、コト」を生み出す地域の社会資本となり、その後の被災地域支援の方向性を決めた例がある。

　前述した（第1章＜Column①＞）、東日本大震災時の被災者支援システム「Shinsai.info」で役立った地図情報システムに加えて、福島県浪江町におけるフェローシップとアイデアソンやハッカソンは、被災地の人々のニーズと自治体の業務の方向性とに寄与した。それは、被災者への支援情報の提供方法の効率化である。

　阪神淡路大震災当時は、広報紙の県外郵送などが実施されたが、郵送を希望する県外避難者を把握するのが困難で

あった。

　東日本大震災においても同様に、多くの市外・県外への避難者が発生した。浪江町の全町民も避難生活を余儀なくされた、全国に散逸して住み帰宅の目途が立たない中、避難先で暮らす町民にとって地元の情報が得られる故郷のニュースは、大きな心の支えになる。

　被災自治体（浪江町）からの復興関連の広報は。被災者にとって見逃すことのできない重要な情報源であるとともに、自治体も避難者の動向を把握できるなど副次的な効果もある。

　そこで、避難者にどのような情報をいかに届けるかについて、浪江町がCode for Japanに相談したところ、「ベンダーに発注する前に、被災者は何がほしいか、何を作るべきかを議論を重ねましょう」と、町民中心のアイデアソンやハッカソンを提案・実施して、被災者のニーズを絞り込んだ。

　被災自治体にとって、罹災証明の発行や被災者住宅の供給など、業務で使う情報システムの速やかな復旧は必須である。情報システムの従前レベルへの復旧は、契約ベンダーに依頼すれば済む。しかし、自治体の被害の程度が大きいと、既存のシステムや広報手段では十分対応できない場合が発生する。また、目前の復旧対応に追われ、今後の情報提供手段のあり方を考える余裕もなく、職員もいない場合もある。他都市からの応援職員も、支援先の自治体の情報システムの将来にまで提案することは少ない。

　災害復興業務に多忙を極める自治体の被災住民への情報提供を、エンジニアリングの視点からアドバイスができるシビックテックは重要である。災害が発生してから事後にアイデアソン・ハッカソンを実施するのではなく、平常時から防災計画を実行的なものとするためにも、シビックテックを減災計画の参画者として役割分担を定めて協力する視点が必要である。

169

自治体は、地域防災計画にもとづいて災害復旧・復興に取りかかるにあたって、可能であればあらかじめIT企業に加えて、地域のシビックテック組織とIT活用や情報伝達支援面において応援連携協定を結んでおくことが望まれる。

災害時の受援計画とシビックテック：支援・受援と自治体のデータ整備

　自治体が他の地域から支援を受け入れることは「受援」と呼ばれる。

　「支援」とは、災害時に、災害対策基本法や災害時の相互応援協定等にもとづき、または自主的に人的・物的資源等を支援・提供することをいう。

　これに対して、「受援」とは、他の自治体や公共機関や企業、NPOやボランティアなど各種団体から、人的・物的資源などの支援・提供を受け、効果的に活用することをさす【注09】。

　受援は、被災した地域が、支援してほしい事項や環境をあらかじめ示して対策を地域防災計画に組み込んでおくことである（図5-9）。ガイドラインでも、「地方公共団体は、災害時の受援体制をあらかじめ整備しておくべき」としている。

　受援は、被災地が「人的・物的資源などの支援・提供を受け、活用する」ことであるため、応援受け入れを前提とした体制の標準化や可視化は受援の1つといえよう。

　標準化の必要性を説く有名な例として、1904年の米国ボルチモアの大火がある。未曾有の火災に他都市の消防隊が応援消火活動をしに来たにも関わらず、消火栓の口金の口径が合わず消火活動ができなかったため、結果的に大規模火災を防げなかったことがある。この火事を教訓に、米国の消火栓の規格が統一された。

170　▶▶▶ Chapter5　ヒト・モノ・コトを発火せよ

図5-9 受援体制（応援受入本部が受援の窓口）（出典：「神戸市受援計画」）

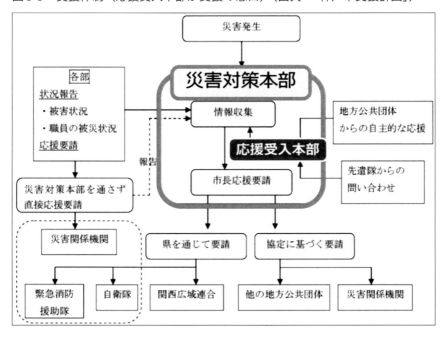

　同様のケースは、阪神淡路大震災や、それ以降の被災地においても発生している。被災地では、救援を必要とする事象が同時多発的に発生するため、支援を受ける側が混乱し、何から支援してほしいかの判断ができなくなる。一方、支援する側も土地勘のない初めての土地で救援すべき優先順位の判断に迷う場合が多い（筆者も東北の自治体に応援隊長として入った際も同じ経験をした）。判断が遅れるほど、結果的に被災者の救援が遅れるため、被災地は支援してほしい事柄を平常時から整理しておくことが重要となる。

　災害対策本部と連携した応援受け入れ本部の役割は、応援自治体や民間からの連絡を受ける総合的窓口、担当が不明確な業務の取り次ぎ、応援自治体や機関と現地支援本部との連絡調整などがあり、支援に来たさまざまな機関と、応援を必要とする所属との調整を図る。

受援計画では、あらかじめ定めておいた災害対応業務と経常業務の中から受援が必要な業務を選定し、業務ごとに指揮命令者と受援担当者を定めておく。そして、業務ごとに受援シートと業務フローを、情報処理、指揮調整、現場対応環境、民間協力関係の視点を踏まえて、「受け入れに必要な事項」と「支援する側に事前に知ってもらいたい事項」とを受援シートに記載しておく（図5-10）。

　受援計画の策定には、情報・データの整理が不可欠であることがわかる。神戸市の受援計画は、4つの構成要素を掲げている。すなわち、「情報処理、指揮調整、現場対応環境、民間との協力関係作り」がある。

　このうち、シビックテックが貢献できる分野は、自治体と企業・ボランティア・NPO等民間との協力関係における情報の収集・取りまとめ・伝達・提供の部分である。

　自治体の情報システムを受注しているベンダーが担当するのに対し、自治体のホームページからの情報が被災直後速やかに立ち上がらない場合が多い。

　災害時には、被災者はラジオ、テレビ、新聞のマスメディア、ネット上のニュースやSNSなどから、安否確認や救援情報を求める。発災後数日経つと、マスの情報から被災者各人のミニ情報が必要となる。例えば、罹災証明の発行や仮設住宅の入居手続きなど、復旧に向けた情報が必要となり、自治体のWEBに情報を求めるようになる【注10】。

　自治体からの情報は被災者にとって不可欠であるが、ときに被災の度合が大きいと速やかなリカバリーができないことや、担当職員が被災して不在となり、結果的に情報発信が遅れることがある。その際に、平常時からシビックテックと協力関係を構築していれば、速やかなリカバリーと情報受発信が可能となる。

　以上より、受援計画に具体的な応援業務も定めて、シビックテックの役割を位置づけておく必要がある。これまでは、発災後アドホック（臨時的）なITボランティアが自

172 ▶▶▶ Chapter5　ヒト・モノ・コトを発火せよ

図5-10　受援シートの例（出典：「神戸市受援計画」）

受援シート

■緊急業務　□通常業務
神戸市地域防災計画
地震対策編応急対応計画　第12章

ピーク時期
■初動対応期　■応急対応期
□復旧復興初動期　□該当なし

（業務名）被災建築物応急危険度判定　（担当課）都市計画総局安全対策課

| 応援者の行う具体的業務 | 被災建築物の応急危険度判定を行う。 |
| 応援者に求める具体的な職種・必要資格 | 被災建築物応急危険度判定士として都道府県知事等の認定を受けた者。 |

I　情報処理活動

情報収集・共有体制
■会議・ミーティング
■朝礼・終礼

（その他）
（実施前）被災状況、判定調査方法、判定調査区域等のガイダンス
（実施後）判定結果、被災状況に関する新たな情報の共有

II　指揮調整体系

指揮命令者
（正）　安全対策課長
（副）　安全推進係長

受援担当者
（正）　建築指導部課長級・係長級
（副）　担当者

III　現場対応環境

執務スペース
□有　■無（検討中）
　　　□無（不要）
（場所）

地図・資料
■有　□無（検討中）□ペア活動
　　　□無（不要）
（内容）
判定実施区域及び実施対象建築物の確認のため、住宅地図等を使用

その他資機材
■有　□無（検討中）
　　　□無（不要）
（既存）
判定用資機材（調査表、ステッカー、マニュアル、腕章等）
（検討中）
被災状況によっては資機材の支援要請もあわせて行う

業務マニュアル（作成予定も含む）
①被災建築物応急危険度判定マニュアル（（財）日本建築防災協会発行）
②神戸市被災建築物応急危険度判定　実施本部業務マニュアル

IV　民間との協力関係

民間の受入れ
□可
■一部可 }
□不可

□一般ボランティア
■専門職ボランティア
□企業　□NPO・NGO
□その他（地域住民）

協定
■有
□無（検討中）
□無（不要）

協定の締結先（検討中も含む）
近畿被災建築物応急危険度判定協議会（兵庫県（支援本部）から他自治体及び民間判定士へ協力要請）

その他特記事項
地震防災マップ（平成17年2月、内閣府発行）「②地域の危険度マップ」危険度5以上（地域内の

主的に立ち上がり救援してきたが、自治体の理解を得られず一方的な支援にならざるを得なかった場合もあった。受援計画の復旧シナリオにシビックテックの業務をあらかじめ位置づけておくことで、情報提供、システム、復旧体制、

復興支援など急を要する事態に対応でき、自助・共助力も向上させることができる。

　特に、情報発信（発災後の被災者への情報提供）や被災者支援事務システムなど、他都市や応援ボランティアに業務を依存せざるを得ない事務や活動については、平常時から業務を棚卸しして明示し、防災計画に自治体の諸元データを整備して、シビックテックに委ねる部分を明示しておくべきである。なお、シビックテックが自治体の受援計画に貢献できる概念図を示したのが図5-11である。参考にして、今後議論いただきたい。

図5-11　シビックテックが貢献できる項目を盛り込んだ受援計画の概念図（「神戸市受援計画」をもとに筆者作成）

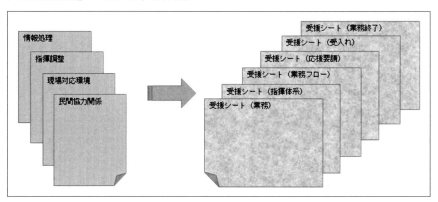

　オープンデータが進まないと考えている自治体は、受援計画のデータ整理から取り組んでいただきたい。整理する過程でシビックテックは強力なパートナーとなり得るし、地域の新たな協力者を発見・育成する機会にもなる副次的な効果を持つ。まさに情報面から地域防災力の向上が期待できる。

シビックテックと受援シンポジウム「未来への学び」

　2017年8月25日、六本木ヒルズのGoogle合同会社において「未来への学び」【注11】勉強会が開催された。産学官民のITおよび防災関係者ら約70人が集まり、午前中の自治体の首長の災害時の対応の話に続いて、午後には「未来の被災地にシビックテックができること」をテーマに、支援・受援についてシビックテックが白熱した議論を交わした。

　パネリストのIT Dartの及川卓也氏は、「熊本地震のときは、被災自治体と支援するITエンジニア側とのギャップがあった」と災害時の被災地とのマッチングの難しさを語った。一方、兵庫県立大学の浦川豪准教授は、「自治体の内部業務から、市民への情報提供につながるようにしないと続かない」と述べた。「災害時だけでなく、平常時からの自治体との関係作りが重要」との意見が一致し、データ整備や情報発信支援など普段から支援できる、または支援してほしい業務の仕分けをしておくことの重要性を確認した。また、企業・自治体・大学からの参加者は、避難所の行政職員として避難所を運営するロールプレイゲームを体験した。

　参加者からは、「災害時のデータ共有の方法と重要性がわかった」「組織や個人で災害対応能力を向上し続けることが重要」など、肯定的な意見が多かった。

　シビックテックと受援について考えるシンポジウムはこれまでになく、今回の勉強会を企画したGoogle合同会社執行役員の杉原佳尭氏は、「被災地支援をした行政、企業、ボランティアの知見を共有し活用してほしい」と今後に期待する。

被災地の産業復興支援

　東北地方や熊本など、自然災害の被災地で地域の産業が大きな被害を受けたが、その復興は厳しいものとなっている。一企業による体力では劇的な復興をとげることはできず、阪神淡路大震災や中越地震からの復興でも中小企業の苦悩は多く報告されている。しかも「7〜8割復興」と呼ばれるように、被災前の生産水準に戻るには長い時間を要するのは、近い将来に発生する可能性の高い未来の被災地でも同様である。

　地域産業が復興するには、被災地の自治体や経済界が復興計画を立てて、予算を確保し事業計画を立てて実施する。この状況に対して、国や自治体により産業復興を目的とする中間支援組織が設置されて、新産業やイノベーション創出の取り組みがなされているが、既存の中小企業の復興は進みにくい。その理由は、日本の経済状況や国際競争力といったマクロ的な問題だけではなく、中小企業を取り巻く技術革新や経営革新に取り組みにくいミクロ的な課題がある。

　例えば、老朽化する設備に対する投資や、熟練工の引退による企業独自の技術の伝承など技術経営面での課題がある。中でも中小企業が難しい取り組みの1つにIT投資がある。

　モノ作りの新しい形である3Dプリンターの登場に、若いベンチャーやスタートアップ企業などは、積極果敢に取り組んで新たな需要を開拓しているが、伝統的な中小企業はそれを自社事業にどう組み込むかに躊躇し、参入タイミングを失い、既存の事業手法を変えられない状況にいたり、結果的に競争力が低下する「負のスパイラル」に陥ってしまう。

　また、IT投資による生産性の向上（ROI）を的確に予測

することは、専門家でも難しい。

　企業のIT導入に対する的確なアドバイスは、公設の工業試験場や自治体の産業支援組織でコンサルタントやインストラクターを派遣する事業などで行なわれているが、今後は、シビックテックも「コト」作りに関する役割の一部を担うことが期待される。

　すなわち、ある中小企業がIT投資や生産性向上に関わる助言や受注を外部技術エンジニアとして活用する場合に、IT分野で一定の技能水準や経験を持つシビックテックの中立的な意見を参考にして判断する。

　シビックテックをITアドバイザーとして登用するには、信用力の付与やベンダーロックインおよび守秘義務などの課題はあるが、中小企業にとってIT投資が生産性の向上や経営革新につながれば、企業の競争力も向上する可能性はある。

　上記で見た災害時の防災対応計画に加えて、復旧・復興過程における地域のシビックテックを育成・活用するには、行政や市民との信頼関係を築くことが第1である。シビックテックが産業復興の役割を担うことは、平常時だけでなく「非常時のFail Safe System（常に安全作動するように設計するシステム）」である。換言すれば、地域防災力に不可欠な「コト」作りであるといえよう。

シビックテックとメディア：シビックテック自らが発信するCivic Wave

　「自分たちの未来は、自分たちの手で」を合言葉に、Civic Wave【注12】は、シビックテック活動をWEBで紹介・広報するメディアである。「自分たちでも何かできる、現状は変えられる」という意識を持つ人々が出会える場をめざしている。

Civic Waveの編集メンバーでもある鈴木まなみ氏に、Civic Waveの誕生した経緯と活動について聞いた。

「シビックテックの情報はいつも同じような人の発信であり、多様な活動や考え方があるはずなのに、声の大きな人の知識や考え方に偏りがち。でも、現場で頑張っている人たちほど発信している時間なんてありません。だからこそ、現場の人たちの代わりに、その人たちの活動を発信し、多様な考え方や活動を伝えられたらと思いました」

「また、地域で頑張る人は、他の地域で頑張っている人のことを知る機会はとても少ないと思っています。地域に入ってくる情報は、その地域の情報か、東京の情報か、世界の情報のいずれかであり、隣の地域の情報はなかなか入ってこないからです」

「人は、同じように頑張っている人がほかにもいるとわかるだけで頑張れることがあります。そんな同士を見つけられるような、横と横とをつなげられるようなメディアとして機能してほしいという思いもあります」

　と、Civic Waveを立ち上げた動機について述べる。

　確かにCivic Waveは、シビックテックの草の根活動に意識的に焦点を当てて紹介している。それぞれの活動に取り組む人材を知ることは貴重である。

　鈴木氏は、以下のようにも語っている。

「課題解決だけがシビックテックではないと思っています。シビックテックの本質は、『ジブンゴト』です。課題解決というマイナスをプラスにする活動だけではきっと継続しないし、広がりを生まないと思います。今、時代は大きく動いており、幸せの価値観も変わってきています。今までのように消費するだけの生活ではなく、生産者の1人として何かに関わっていく喜びを感じていく人が増えるのではないでしょうか。その1つの選択技として、やったことのフィードバックが得やすい地域活動は、重要な役割を担うとも思っています、人は楽しいことに時間を費やしたいで

178 ▸▸▸ Chapter5　ヒト・モノ・コトを発火せよ

すからね」

　なお、鈴木氏が関わる日本最大級の開発コンテストである Mushup Awards も、各地域のエンジニア人材を発掘し、発表の機会を提供することを考慮して開催されている【注13】。

大学が参画するオープンガバナンス： OCG2017

　大学も「コト」作りの発信基地であるといえる。近年の大学は、地域貢献をミッションとする大学が増加している。大学自らが地域に入り込んで課題を考察することは、地域に新たな視点や検証をもたらす効果を持ち、学生には課題解決型の学習を通じて社会帰属意識が高まるという2つの効果を持つ。

　また、市民と行政とが協働して地域の政策課題解決をめざすために、透明性、参加、協働を要素とする「オープンガバナンス」を実現することが求められている。

　大学もオープンガバナンスを具体化する場に貢献する例として、学生や若手エンジニアおよび自治体による課題解決とデータ活用を図るコンテスト「チャレンジ・オープン・ガバナンス2016」を開催している【注14】。

　このコンテストが、他のデータ活用コンテストと異なる点は、応募形式が自治体と連携する市民側が、連携しつつも別々にアイデアを応募する点にある。すなわち、自治体は、事業や公開データを活用して市民や学生に解決してほしい地域課題をあげて申請する。一方、市民や学生は、具体的な地域課題を掲げて、課題解決につながる公共サービスについて提案を自治体に促すアイデアを申請する。既存施策の改善や新たな施策の提案でも良い。申請に際しては、課題の具体化とアイデアの裏づけとして、資料やデータを

用いることと定めている。

　このコンテストは、市民や学生と自治体との両者が解決すべき課題を認識し、施策を実施する行政側と、解決手法やサービスを必要とする市民側の視点からかけ合わせて（ブリッジング）、より良いソリューションを市民と行政とがともに見出すねらいがある。また、「永遠のβ版を楽しむ」ことにより、コンテストが終われば活動も終了ではなくて、アジャイル開発のように、活動自体も現場で進化し続けることをねらいとしており、コンテスト入賞者へのフォローアップ提言も怠らない。あわせて、市民が活躍できる地域の公共プラットフォームを作り出し、自治体に対して、施策や市民サービスの合理性や最適性をともに検証しながら進めていくと同時に、行政データの蓄積・整理・公開を推進することを働きかける効果を持つ【注15】。

　2017年3月12日の最終審査会にて「オープンガバナンス総合賞」を受賞した、東京都中野区と「チャレンジ中野！Grow Happy Family & Community」による「地域とつながる「子育て」＆「里親制度」〜ママからファミサポ、ファミサポからママへ〜」や、川崎市宮前区と「みやまえ子育て応援団」による「子育てにやさしいまちの空気をつくる！〜市民による市民・行政・企業3方ハッピープロジェクト〜」など、市民側の熱い問いかけが行政との協働を促し、今後実現に向けた展開が期待される。

　このコンテストを主催している東京大学公共政策大学院の奥村裕一客員教授は、この毎年コンテストを開催し、市民と行政の協働で実現するオープンガバナンスを「新しいデモクラシー」であると述べている。

　大学が市民と行政とを具体的につなぐ仕組みを作り、地域単位での課題解決活動のあり方を示した、新しいエコシステムの一要素となり得るといえよう。

　自治体の政策に合わせて市民が活動するのではなく、より良い課題解決を連携して探る点において、チャレンジ・

オープン・オープンガバナンスは、ヒトを「発火」させる仕かけである。

データの品質管理を担う「Data Steward」

行政の公開データのイメージが強いオープンデータではあるが、民間による公開も進んでいる。

公開されるデータは、データの出先に関わらず、正しく使える状態にすることが重要である。データの正確性、可用性など「データの品質管理が必要。匿名加工されたデータを誰が正しいと判断するか」と、下山氏（前述）はいう。

下山氏は「公開されるデータは、精度・レベルのいずれの面からも正しく使える状態にすることが不可欠。誤ったデータを使った結果、それまでの研究活動が徒労に終わるのと同様に、アンケート結果が誤ったデータにもとづくものであれば役に立たない」とも述べる。

データを技術面や機能面でマネジメントするデータエンジニアは、データ管理活用に専門的知識を持つ技術者であり、その1つに「Data Steward（データ・スチュワード）」という職業がある。

「データの品質管理をする Data Steward は、プログラミングをする人ではない。ニュートラルな視点で（データの真偽を）判断すべき」と、データの信頼性を担保することの重要性を力説する。

将来、データ取得のAPIの整備やデータの登録制の制度化および自治体がデータ整備を進めるにつれて、市民や企業が地域に関するさまざまなデータを作り、編集し、提供できる人が増え、「データを囲い込むなのではなく、品質管理されたデータが流通する」と予測する。

「そのような時代が来れば、現在ある職業の内容も変わる。例えば、翻訳業は、自らが直接翻訳するのではなく、AIが

自動翻訳した内容を精査する職業となる」

　データが正しいか信用性が高いかを保証するデータマ
ネジメントは、今後研究領域だけでなく、自治体や企業の
オープンデータが活用されるための鍵となる。

　Data Stewardは、データの大量活用時代における品質
管理を担う、シビックテックの新たなビジネス領域といえ
よう。

【注07】ロバート・パットナム著『哲学する民主主義』（NTT出版、2001
年）

【注08】LODチャレンジ2017（http://2017.lodc.jp/）

【注09】内閣府「地方公共団体のための災害時受援体制に関するガイド
ライン」（2017年3月）http://www.bousai.go.jp/taisaku/chihogyoumukeiz
oku/pdf/jyuen_guidelines.pdf

【注10】情報支援プロボノネットワーク著『3.11被災地からの証言』
（2011年、インプレス社）

【注11】「未来への学び」https://miraimanabi.withgoogle.com/

【注12】Civic Wave（http://www.civicwave.jp/）

【注13】Mushup Awards（http://mashupaward.jp/about/）

【注14】http://park.itc.u-tokyo.ac.jp/padit/cog2016/

【注15】チャレンジ・オープン・ガバナンス2017
（http://park.itc.u-tokyo.ac.jp/padit/cog2017/）

＜Column⑤＞　パターンランゲージとデータ・ビジュアライゼーションによるまち作り

　まち作りをビジュアライゼーションの視点から捉えよう
とするシビックテックがいる。データ・ビジュアライゼー
ション実務家であり、デザイナーである矢崎裕一氏である。
　矢崎氏は、「まち作りは方向性を見誤るといくら進めても
だめ。最適な方向に向かうにはタッチや手法などによる方
向付けが重要」であり、「デザイナー的思考」から社会やま
ち作りを考えるなど独自の視点を持つ。

例えば、ある人が「○○がある地区に住みたい」というモチベーションを言葉に表してみる。また、別の人が「みんなで座れる広場が良い」という要求があれば、それをカード化してみる。可視化することによって現実との相違を比較し、その作業を繰り返すことにより、当初は抽象的であった要求が一般化され、そのために何が必要かを検証できる。

　それをさらに高めて、市民の要望を解決する手法のモックアップ（具体例）を提示し、さらに検討を進めて完成させる。その作業を繰り返して求められるパーツを組み合わせて完成品にする。そのプロセスを参加者が見られるようにすれば同じレベルで理解でき、次のステップに進むことができる。

　この手法はパターンランゲージと呼ばれ、クリストファー・アレクサンダー（1984年）【注16】らにより提唱されている。タスクを分類して可視化パターン化するパターンランゲージは、ソフトウェア開発者にも大きな影響を与えた。パターンランゲージは、まち作りの当事者たちが共通言語（ランゲージ）を見出して組み合わせていく（パターン）、民主的な作業である。

　データ・ビジュアライゼーションは、データを可視化することで、複雑に絡み合った事象を読み手にわかりやすくできる手法であり、単にデータを眺めているだけではわからない「関係性」や「傾向」、「特徴」が理解できる。また、参加者の立場の違いによる合意形成の壁にぶつかった場合、自分ゴトとしてデータを可視化して捉えることにより、課題解決を促進する役割も持つ。

　可視化による効果は、個々の市民の意見を見据えながら全体の意見を概観できるメリットがあり、大きな声を出した人（市民）の意見だけが際立つことを抑制している。

　2014年9月にCode for TOKYOを立ち上げた矢崎氏は、活動の中でもパターンランゲージによる考え方や進め

方を実践している。矢崎氏は、2012年のロンドンオリンピック大会の協議結果データが公開されて、わかりやすく可視化された点に注目した。これまでのピクトグラムを超えて情報を内包する絵ともいえるインフォグラフィックスが語りかける意味を理解して、Code for TOKYOの活動につなげ、「国立国会図書館でのデータ・ビジュアライゼーション」や「RESASワークショップ」、「東京保育園マップ」などが実施された。

「データをヒト・モノ・カネの多い少ないだけで判断するのでは、多次元の比較分析ができない。センサーデータよりも統計データのサンプル数をリッチ（増やす）にすることで公開データ活用の可能性が広がる」、「日本ではまだデータの可視化による活用を教える教科書が少なく、実社会に関わるファンダメンタル（基本）を知る機会が少ない」と述べている。

しかし、行政もまち作り計画に矢崎氏らのデータ・ビジュアライゼーションによる都市計画提案を採用する動きや、市民活動によるまち作りの現場においても、データ・ビジュアライゼーションは浸透しつつある。このような実践を通じて、わが国のデータ・ビジュアライゼーションも進化し、浸透していくと予測される。

対話の中から共通語を見出し、それを可視化して共有するプロセスは、まち作りにおける市民の参画を進め、住民合意形成の場にもシビックテックの知見や技術が有用・不可欠であることを示している例といえよう。

【注16】クリストファー・アレグザンダーほか『パターンランゲージ　－環境設計の手引き－』（鹿島出版会、1984年）

Chapter 6

シビックテックイノベーション
を興すエコシステムとは

6-0
第6章の冒頭にあたって
ーシビックテックに課せられた課題・条件とはー

本章では、シビックテックが地域にイノベーションを興すために、行政（国・自治体）、エンジニア、市民および企業に対して、それぞれが取り組むべき課題や条件を考察することで、エコシステムの全体像を検証する。

今日、地球上のいたるところにIoT社会が浸透した結果、市民は自己実現をする手段を得た。また、IoTがあらゆる産業に浸透し、多くの富を生む一方で、富は一部の人に集中した。

一方、トマ・ピケティやロバート・ライシュらは、21世紀の資本主義が生む格差の拡大に警鐘を鳴らしている。この状況のもと、21世紀の市民は、行政や企業活動の恩恵を十分受けられないことも想定して、判断・行動することが求められている。市民は自らを鍛えて困難に立ち向かう知恵と技術を持つために、社会や教育のエコシステムを作り、備えることが必要である。

前章までに紹介した事例で見たように、シビックテックがイノベーションを興すエコシステムとして社会に定着するために解決すべき課題や、整理すべき条件とは何であろうか。

186 ▶▶▶ Chapter6　シビックテックイノベーションを興すエコシステムとは

6-1

課題①：「誰がシビックテックから利益を得るか？」

企業や行政活動においても、便益を受ける相手は千差万別であり、その大多数が満足する設計が不可欠である。本節では、シビックテックの主なサービス対象である市民を便益別に分類することで、受ける利益の相異を考察する。

　この問いは、シビックテックが常に考慮すべき命題である。シビックテックがユーザー中心主義である以上、市民目線からの分析が必要である。すなわち、サービス利用者のニーズや志向の把握なしには、アプリやソリューションを制作しても徒労に終わるためである。

　シビックテックを利用する人々は、年齢、性別、民族性、教育、雇用、政治活動などいろいろな立場や状況にある。

　多くのシビックテックグループは、「誰がシビックテクノロジーを使うのか？」について、オンラインを通じてユーザーの反応や、実際のユーザーの口から直接聞くことはあっても、多くの声を収集するには限りがある。また、データ保護や個人情報保護の理由から明確な数字を分析できる環境にあるわけでもない。活用された事例は、シビックテクノロジーがいくばくかのインパクトをユーザーに与えたことを示してくれるが、社会全体への具体的なインパクトを予測できるわけではない。

　例えば、Googleアナリティクスは、ユーザーのロケーションやおおよその志向は教えてくれる。しかし、シビックテクノロジーが、政策決定や積極的な変化をもたらす証拠となるかについては、WEB上の分析だけでは明示でき

ない。現状では、シビックテクノロジーによる社会的イン
パクトを計量分析する手法はいまだ途上にある。以下、参
考となる分析事例を紹介する。

英国のMy Societyによる調査とその分析

英国のMy Society【注01】は、非営利の社会アントレプ
レナーで、市民にエンパワーメントするだけでなく、活動
で得られた技術や知見を世界へ横展開する活動も行う団体
である。この団体は、2015年にシビックテックが持つ「シ
ビックテクノロジー」に焦点を当てて、誰がシビックテク
ノロジーのユーザーであるかを調査している。その報告書
は、日本のシビックテックの将来にとって参考となる示唆
に富んだ内容である。

表6-1　調査の対象となった国と利用したシビック
テックによるサービス名（My Society "Who bene-
fits from civic technology?" 報告書（2015年）に著
者加筆。https://www.mysociety.org/files/2015/10/
demographics-report.pdf）

国名	サービス名
英国	FixMyStreet、TheyWorkForYou
米国	GovTrack、SeeClickFix
EU	AskTheEU
イタリア	OpenPolis
ハンガリー	Atatszo
マレーシア	Adanku
ケニア	Mzalendo
南アフリカ	People's Assembly
オーストラリア	OpenAustralia

調査は、欧米諸国やケニア、南アフリカ、マレーシアな
どの国々から、シビックテックによるサービス（表6-1参

188 ▶▶ Chapter6　シビックテックイノベーションを興すエコシステムとは

照）を活用したユーザー3705人のアンケートから構成されている。

調査結果は、次の傾向を示している。以下、年齢、性別、民族性など、各項目の概要を抜粋して紹介する。

年齢：英国では、FixMyStreetを利用者の70％は45歳以上であり、米国でも同じ内容のサービスであるGovTrackを利用者は、74％が45歳以上である（図6-1）。英米では、PCやスマートフォンを所持し、かつ社会課題の解決に関心の高い人は、年齢も高いことがわかる。

図6-1　英米のシビックテクノロジー利用年齢層の比較（表6-1の報告書より著者加筆作成）

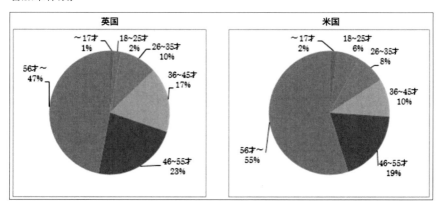

一方で、ケニアや南アフリカ共和国では、45歳以上がFixMyStreetを利用する年齢層は、ケニアではわずか14％、南アフリカ共和国では34％と少ない（図6-2）。これは、市民がどのIT機器を通じてサービスを利用しているかに依存する。すなわち、英米では、年齢層の高い市民が利用するのに対し、アフリカではITリテラシーを持つ若い世代がサービスを利用するためと分析している。

シビックテクノロジーは、すべての年齢層に対してサービスされる可能性がある一方で、国によっては、年齢により社会資本や教育レベル、文化的要素など、使い方に違い

図6-2　ケニア・南アフリカにおけるシビックテクノロジー利用年齢層の比較
（表6-1の報告書より著者加筆作成）

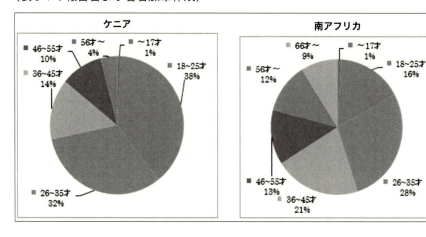

があることに依存することがあると述べている。

　シビックテクノロジーは、サービスを多く利用する世代を中心に合わせるのではなく、市民の年齢層や種々の背景も考慮して、ニーズのある各人が利用できるプラットフォームとしてデザインすることが普及の鍵といえよう。以下、注目すべき視点からの分析を見る。

ⅰ.ジェンダー（社会的性別）：男女の違いなど、社会的性別の違いによりシビックテクノロジーを利用する差異も重要な視点である。ショッピングカートを多く利用する女性は、舗道の修理のためにFixMySteetを利用する。これに対して自家用車を多く利用する男性は、車道の修理のためにそれを利用する。これは単純な一例であるが、ジェンダーの違いを理解せずにユーザーを設定するとリスクが生じると警告している。現状では、男性主体のサービス設計に偏る傾向があるという結果となっている。

ⅱ.民族性：国の歴史や家族の歴史、個人的な経験などの要

素により大きく依存する。シビックテクノロジーは、すべての人にとって民主主義実現のためのツールであるべきと述べている。この他、教育、雇用、政治活動の程度によって、シビックテクノロジーを利用する程度が異なると報告しているが、紙面の都合上省略する（詳細は報告書をご覧いただきたい）。

　報告書は、以上の項目による個々の市民性向を把握したうえで、信用性、正当性、誠実性、マネジメントの期待など視点を踏まえて、「シビックテクノロジーは、効果的な変革のためのツールである。他のツールのように、多くの手にかけられ、テストされ、磨かれ、完成される。各組織が覚えておくべきことは、これは、（変革）過程のアーリーステージであり、シビックテクノロジーのポテンシャルを解き放つためには、まだ多くのなすべきことがある」と述べている。

　日本のシビックテックが学ぶべきことは、誰に対してどのようなサービスをどのような技術を使って実現し、その結果どのようなメリットや社会変革を得るかについて科学的な分析を試みることである。これはシビックテックだけではなく、サービスを利用する市民の視点、行政の視点、アカデミアの視点からビジョンとミッションをデザインし、社会全体で取り組むべき課題でもある。

　そのためには、市民ニーズのマーケティングによる実態的な把握に加えて、成果を評価すべき項目や指標の設定について、関係者が知恵を出して可視化して共有することが不可欠である。

【注01】http://tictec.mysociety.org/

6-2

課題②：運営資金の確保と人材育成

事業規模の大小に関わらず、すべての事業活動には予算と人員の割り当てとが不可欠である。しかし、スタートアップやNPO等と同様に、運営資金の確保と人材確保には「最適解」がないのが現状である。では、「最善解」とは何か。

　シビックテック活動の運営資金の確保と人材育成は、最重要課題である。

　第3章で記述したように、CfJは活動を通じて越境人材の育成を図っている。越境人材は、所属する組織の論理にとらわれず、課題を解決できる能力を持つボランティア精神にあふれる人々である。データを論理的に分析し、コミュニケーションを密にする人間関係作りを重要視し、課題を掘り起こして情報を共有し、その解決手法をともに模索する。

　しかし、組織運営の現状は厳しい。CfJでも専任のスタッフはほとんどなく、メンバーはそれぞれ本職の仕事をしながらシビックテック活動にボランタリーで従事している。

　第4章ではCfA運営の財政的に厳しい現実を紹介したが、各地域のブリゲイド活動が盛んになると、その活動費が増加するのは不可避である。各単位が寄付や公的機関からの助成金が潤沢にあるケースは現状ほとんどないので、ボランティアベースではなく、ビジネスベースでの運営に移行することが、活動を継続するための課題となる。

　CfAの2014年度の財政状況を見ると、財団からの助成55.5%、個人寄付3.5%、企業寄付9.1%、プログラム助成

192 ▶▶ Chapter6　シビックテックイノベーションを興すエコシステムとは

金収入21.9％、スポンサー7.3％、投資収入2.7％で、合計
1163万5716ドル（約12億8000万円）ある。そのうち、85
％を事業遂行にあてている。

　一方、CfJの2016年度の決算状況を見ると、3〜4000万円
／年で、企業からの寄付や貯金で賄っている「台所事情」
がわかる。CfA同様に、自主事業よりもさまざまな寄付や
自治体からの業務委託に依存せざるを得ない状況にある。
CFJも役員のほとんどが無給のボランティアであり、各人
はそれぞれ有業者である。

　欧米に比べて寄付文化がそれほど高くない日本において、
シビックテック活動により「ヒト」「モノ」「コト」を動か
すための「カネ」をいかに工夫するかは、社会全体で取り
組むべき課題である。

6-3

課題③：Gov Tech市場と新たなインキュベーター

本節では、シビックテック活動により新たに開拓されつつある
Gov Tech市場に焦点を当て、シビックテックを地域産業の担
い手として支援するサンフランシスコ市の産業政策を紹介し、
わが国の行政へのヒントを考える。

　第5章のSWOT分析で見たように、中小企業から派遣さ
れるシビックテックは、技術面や営業面で大企業と真正面
から対峙することは難しいのが現状である。

　シビックテックと大企業との間に、持てる技術力と経営
力とに比較できないほどの差がある場合には、自治体は受
け入れチャンネルの複数化を図るべきである。すなわち、
企業が規模および技術力や経営力に対応した事業を興す場
合に加えて、スタートアップ企業やベンチャー企業の技術
やサービスを利用して行政サービス向上のための実証実験
を行うときには、フィールド提供の条件緩和や、支援の仕
組みについて自治体側が配慮し、受け入れ条件を整備する
ことで、企業の規模や経営力に左右されずに事業を実施す
る環境が整う。

　これは、スタートアップやベンチャーに優位な特典を与
えることではない。実践的な課題解決を試みる「場」を提
供しながらの地域産業育成策である。これが本稿でも繰り
返して述べている、Gov Tech分野の「新たなインキュベー
ター」である。自治体や地域は先導的な実験・実証の場の
提供に協力することで、速やかな市民サービスの向上が期
待できる。

194 ▶▶▶ Chapter6　シビックテックイノベーションを興すエコシステムとは

この点でサンフランシスコ市（以下、SF市）は、シビックテックが活動しやすい範囲について、協業を拡大できる3つの取り組みを始めている。すなわち、Start Up In Residence（STIR）、Civic Bridge、Super Publicである。これらの施策は、ITのみで課題を解決するのではないが、企業のサイズに応じて、その有する技術や知見を用いて市民サービスの向上を図っている。STIRはスタートアップの技術を活用した協業、Civic Bridgeは既存企業との協業、Super Publicは、産学官民がイノベーションを実験的に取り組む協業、である。

　わが国でシビックテックを活用するためにも、地方の特性に合わせた企業との協業の場を積極的に進める環境整備が必要である。以下、3つの施策について紹介する。

企業と行政との「イノベーション実験室」： STIR＋スタートアップ支援

　地域社会の課題を発見してITで解決しようとチャレンジするシビックテックは、新たなビジネスを興す起業家でもある。起業家を支援する公的なプログラムは、これまで国や自治体により多くの支援策が展開されてきたが、その多くは主に経営支援のためのスペース提供や初期投資への補助などであり、業務自体に国や自治体が関与することは基本的になかった。したがって、起業家が有する技術やサービスを地域で試行できる場はなく、起業家はテストフィールドを自ら探し出す必要があった。近年のドローン特区などの規制緩和のように、新たな技術やサービスを実証する場所を、地方創生の名目で自治体が進んで確保しようとする動きは各地で出始めているが、場所を提供するのが主で、既存の支援制度の延長の域を出ていないケースが見られる。

　これに対して、シビックテックの先進地であるSF市で

は、スタートアップ支援制度をさらに進めた取り組みを始めている。すなわち、2014年から、課題解決を図るための組織を市長室シビックイノベーション部に設置し、スタートアップ企業と行政とを結びつけて新たな市民サービスを開発する施策である「Start up in Residence（STIR）」を展開している。まさに市民と行政との「イノベーション実験室」とでも呼ぶべき協働開発である。

STIRのミッションは、地方政府（SF市）をイノベーティブな技術を持つスタートアップとつないで、市民の課題を解決するやサービスを開発することにある。16週間のプログラム期間中、地方政府とともに課題に対してスタートアップが有する技術を使ってソリューションをデザインする。具体的には、その技術を使ったユーザーテストやスキルのシェア、データ分析、プロトタイピングなど、スタートアップの技術を使って効果的で応答性の高いサービスを開発する【注02】。

STIRは、地方政府の課題や市民サービス向上をともに開発するだけでなく、起業家精神を養うことも目的としている点で、スタートアップ支援策の1つでもある。また、16週間（約3か月）という比較的短い期間で成果を創出する「短期集中型」のプロジェクトは、外部からも評価しやすい実効性を重視した施策である。

既存企業＋行政の協業：Civic Bridge

Civic Bridge【注03】は、SF市における早急に解決すべき課題について、企業のその分野の専門家と行政職員とが16週間で解決を試みる官民協業プログラムである。企業が国や自治体の課題解決に参画・協力する仕組みは、これまでも公民連携（PPP）やCSR（企業の社会的責任）として実施されてきたが、これらは主として企業自身が貢献すべき

196 ▶▶▶ Chapter6　シビックテックイノベーションを興すエコシステムとは

課題を考えて自社の技術やノウハウで取り組むスタイルであった。これをさらに進めた形であるCivic Bridgeは、地方政府（自治体）がすでに直面している課題に対して、企業が参画してともに解決を図るスタイルであり、課題解決の結果の公益性は非常に高い。

　Civic Bridgeは、企業のプロボノ（自分の能力を使った社会貢献）や私的セクターのサポートにより、SF市が提供できることを明確化して弱点を分析し、反省すべき点とその解決手法を速やかに編み出すだけでなく、SF市役所内のセクションを超えたコラボレーションを引き出すこともねらいとしている。

　具体的な例として、Google社によるSF市の911コールセンターの分析・提案がある。

　SF市の911（米国の緊急通報用電話番号）へのコール回数は増加傾向にあり、その原因と対策について、Google社がボランティア参加してSF市の危機管理部と共同でデータを分析した【注04】。また、住宅開発部とも共同で、公営住宅の閲覧が容易にできる公共オンラインサービスプログラムを提供した【注05】。

　企業が市民サービスの向上に具体的に協力している状況が市民に見えやすいCivic Bridgeは、PPPやCSRの効果を大きくPRできる場であり、企業・行政ともに受け入れやすい枠組みといえよう。実際、行政とコラボレーションした企業人は、企業・行政の両者が良い刺激を受け、変革のモチベーションが高まると述べている。

　Civic Bridgeは、SF市だけでなく、米国の他の都市でも拡大しており、地元IT企業の協力を得て、市の課題を解決するプログラムが実施されている。一例を上げると、サンノゼ市では、Silicon Valley Talent Partnershipがあり、官民共創のプログラムが実施されている。また、シカゴ市とCivic Consulting Alliance【注06】とで、行政の首長やCIOなどのエグゼティブとの協業を専門とするプログラムを行

なっている。

Super Public：イノベーション実験室

　Super Publicは、連邦政府やSF市と大学や企業が集まって政策を考えたり、課題を調整したりするイノベーションラボであり、SF市イノベーション財団が出資している【注07】。具体的には、行政のデジタルサービス、都市交通、行政調達の改善などに焦点を当てて活動している。そして得られた成果は、他の都市にもシェアされ広められている。

　地域の企業が有する技術を、行政サービスの向上のためにボランタリーに提供する流れは、今後米国内でさらに拡大すると考えられる。換言すると、米国のIT企業は、一義的にはプロボノ的な協力を通じて社会貢献するが、その過程において新たなマーケット創出の場を国や地方政府の事業の中に見出しているといっても過言ではない。

図6-3　SF市の実証・実験事業の受け入れ施策イメージ（インキュベーター機能）（筆者作成）

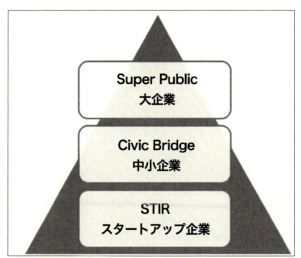

STIR、Civic Bridge、Super Public を見ると、Gov Tech
は、図6-3のような3階層の構造になっている。すなわち、
自治体が地域をIoTによるサービス向上の実験・実証の場
を提供し、IT企業がその企業規模や実証事業規模によっ
て、連携するチャンネルを使い分けるのである（図6-3）。企
業規模が小さいほど、実験の度合いが高くなり、インキュ
ベーター機能が強くなる。企業にとって地域で実証・実験
できるフィールドは、さまざまなローカルデータを活用し
てイノベーションを興す場となり得る。

　自治体や地域を挙げてのIT企業の育成支援と、Gov Tech
領域のビジネス化のヒントは、Rubyを活用した島根県松
江市の取り組みや、オープンデータやプログラミング教育
を行政とともに進めている福井県鯖江市の取り組みなどに
見られる。

【注02】Start Up In Residence（https://startupinresidence.org/）

【注03】Civic Bridge（http://www.innovation.sfgov.org/civic-bridge）

【注04】SF市911コールセンター分析（http://sfgov.org/scorecards/911
-call-volume-and-response）

【注05】SF市受託開発部（https://housing.sfgov.org/）

【注06】Civic Consulting Alliance（http://www.ccachicago.org/impact/sp
ecial-projects/）

【注07】Super Public（http://cityinnovate.org/superpublic/）

課題④：社会的認知の拡大
ーポジショニングー

地域の良い活動が、人々に周知されるのに時間を要するのはなぜ
か。日本のシビックテック活動が社会的に認知されるには、何
をどのように工夫すれば認知され、他の地域に知見を横展開で
きるかについて考察する。

　本節では、シビックテックの活動を通じて、組織や人々
の意識や仕組みが大きく変わることを経験し、社会への貢
献が自分を変え、自分のミッションとして活動するシビッ
クテックの人物像のインタビューをもとに、日本のシビッ
クテックの社会的意義を紹介する。

　インタビューを通じて、社会課題を解決するために共感
（Empathy）し、いろいろな組織をつないでいる（ブリッ
ジングする）状況を見る。そこよりシビックテックの効果
と将来性を展望して、「新公民」活動に参加したきっかけを
聞いた。

　シビックテックが企業のIT投資のコンサルタントとして
活躍するためには、まず自治体や公的組織におけるITを通
じた業務改革や住民サービスの向上の実績を上げることか
ら始めるのが効果的である。すなわち、第4章のCode for
America（CfA）の活動で見たように、自治体との共創に
よる実績が、プロフェッショナルとしての業務遂行能力と
信用力を高め、シビックテックが活用される基準となる。

　近年、自治体の情報推進部門や電子市役所担当部門に
は、CIO（Chief Information Officer：情報統括官）やCSO
（Chief Secrity Officer：情報セキュリティ統括官）を設置

200 ▸▸▸ Chapter6　シビックテックイノベーションを興すエコシステムとは

する例が増えているが、主たる役割はセキュリティや効率的な電子化を推進であって、シビックテックと対峙してITを活用して課題解決しようとする役職や情報化部門は少ない。

　第3章の表3-2は、Code for X（Xは地域名）が行政とパートナーシップを組んで連携活動をしている事例を示しているが、その数は多くない。米国CfAのように、自治体職員だった人がシビックテックになって自治体と協業するケースは、CfJの関代表理事がスタートアップの育成・集積を支援するために、神戸市のCINO（Chief Innovation Officer）となった例を除いて、日本ではまだ皆無に近い。今後シビックテックの社会的認知と自治体の理解と対応が求められる。

6-5
課題⑤　シビックテックを取り巻く環境の日米比較

本節では、日米比較で見たさまざまな課題について、活動を通じた感想と解決の方向性とを地域のブリゲイドメンバーやCfJ代表に聞いた。危機感や焦燥感も含めて、彼らの生の声に触れて、何がともにできるかについて、読者各人にご考察いただきたい。

　第3章および第4章で、日米のCode forの活動を紹介してきたが、日米では異なる課題や共通する課題もある。この点について、Code for Ibarakiメンバーの柴田重臣氏（前述）に聞いた。

「日本は米国風の（シビックテック）ボランティアをめざしてもできない。社会が支える環境が異なるからである」と述べる柴田重臣氏は、CfJの設立に関わり、現在はCode for Ibarakiで活躍するITエンジニアである。

「ボランティアは、自分たちができる小さなことから始めるべきです。日本のシビックテックやボランティアは活動するうちに気負いすぎて、社会全体の大きな課題を解決しようとして運営に行き詰まってしまう」と、シビックテックが自己のサイズ以上の活動を抱え込み、行き詰まってしまうことに警鐘を鳴らしている。

「サラリーマンなど忙しい人は、仕事の都合で毎回活動に参加できなくても参加できるときに参加してくれれば良く、（参加できないからといって）後ろめたい気持ちになる必要はまったくありません」。また、「エンジニアでなくても活躍できることは多くある。地域課題の発掘や企画を立案する人や、コミュニティ作りを担当する人など多様な人材が

202 ▶▶▶ Chapter6　シビックテックイノベーションを興すエコシステムとは

必要」と述べる。実際、多くのCode for X（Xは地域）には、エンジニアが全体の2割程度のブリゲイドもある。

　柴田氏がスモールスタートを強調する理由は、米国と日本との社会文化の違いにある。「キリスト教など宗教活動の影響が強い米国社会では、伝統的に多くの老若男女がボランティアに参加するので、企業や慈善財団によるドネーション・マッチ（市民寄付への上乗せサポート）も充実し、民間慈善団体による助成など具体的な活動を財政的に支援する社会環境が揃っている」という。

　一方、日本ではそのようなメニューは、日本財団の取り組みなど以前に比べて増加しているとはいえ、米国に比べて分野や内容は多くはなく、シビックテックが活躍できる環境に大きな差異がある」と述べる。

　米国と異なり、シビックテックが活躍できる環境が十分整備されていない日本では、労働環境、行政機関との協働体制、財政状況、運営手法など、さまざまな制度的、法制的、社会的な課題が手探り状態であり、制度として成熟していないのが現状である。

　しかし、2009年から始まったCfAでさえも、当初の活動成果に対する大きな期待値の状況から変化しているという。CfAもブリゲイドが全米各地80都市、全世界では130、ボランティアが4万人と巨大化しており、その活動費を負担するだけでも年間10億円負担している。これらの多くは、企業や善意団体の寄付または地方政府からの補助金拠出に依存していた。

　さらに、米国でもシビックテックに対する投資環境は年々厳しくなっており、Omidyar NetworkやKnight財団からも投資費用対効果の点から厳しい眼で見られて、組織運営が年々難しくなっているという。資金援助の減少の影響を受けて、CfAの活動も分野や個別のプロジェクトを縮小または中止せざるを得ない場合も生じている。現在CfAが実施しているヘルスケア、安全と司法、地域経済開発の

3分野のプロジェクトを、できるだけ効率的に横展開できるように腐心しているとのことであった。

シビックテックが今日のように厳しい状況にある原因は、投資家が期待するほどFood Stampのような、いわゆる典型的な「成功事例」が多く輩出できていない理由による。また、同様の民間サービスが増えて、厳しい市場競争にさらされている理由もある。

さらに、シビックテックが取り組む地域課題を解決する分野は、投資が多い割には利益が出にくいプロジェクトが多い。例えば、今や米国の1000万ユーザーが登録しており、10万もの地域で使われ、地方政府の70％が採用しているといわれる地域密着型のSNSである"Nextdoor"でさえも、本格的なビジネスモデルに成長するには時間を要したといわれていた。

ITで地域課題を解決するビジネスは、米国でもITによる行政改革の試みは、Gov Tech（Government Technology）市場として成長しつつあるが、市民向けサービス開発はプロフィタブル（利益を生み出す）なビジネスの段階に成長するまでには、まだ時間を要する模様である。

この点につき柴田氏は、「日本のシビックテックはチーム化していない点に課題がある。すなわち、プロフェッショナルとしての組織的な運営をしていないために、一部のエンジニアのボランタリーな活動にとどまっている。シビックテックが、現在進めている活動を他の地域にも横展開したり、プロフェッショナルとしての仕事の品質に高めたりするためには、組織運営のマニュアルやストーリーテラーが必要」と述べ、日本のシビックテックがプロフェッショナルとして活動するための戦略と戦術とを構築し、実践を重ねることを強調する。そのためには、例えば、「観光振興策を担うのではなく、簡単な観光アプリの制作からでも良い。実践と活用を地道に広めて行くこと」として、「大志を抱きながらも小さな成果を意識して積み重ねることが重

204 ▸▸ Chapter6　シビックテックイノベーションを興すエコシステムとは

要」と述べる。

　この点CfAには、組織運営のハウツーが蓄積されている。また、技術的な蓄積やノウハウについては、「Civic Tech Issue Finder」【注08】にオープンソフトウェアの開発サイトや関わっているプロジェクトを掲げ、シビックテックが相互に利用できるように解放するとともに、改良を加えて共有できるよう運営ノウハウが蓄積されている。

　今日のCfAは、数年前の理想論から現実論へ移行していく段階で、CfA効果とも呼ぶべき「アプリ開発を通じた市民社会の変化」を地域社会にもたらしている。それは小さなことの積み重ねが社会を動かす、市民参画活動の原点でもある。

　日本は、これらの課題にどう立ち向かっていくか。

日本のシビックテックの課題：Code for Japan代表　関治之氏

「シビックテックとは、市民主体のテクノロジー活動であり、『ともに考えともに作る』人々のネットワーク。市民がつながって共創し、現在全国の40地域に活動が広がっている。各地のブリゲイドは、地域の特色や課題に応じて独自に活動するフラットな集合体であり、行政との勉強会や、アプリの開発と実証、シビックハックナイトのイベント開催など、多様な活動を展開している」

　このように述べる関氏も2012年頃は、「公共システムは行政が勝手に作るもの」だと思っていた。その後、自分たちで解決すべき課題が出てきたときに、Hack for Japanのイベントを通じて行政とコラボレーションしたいと考えていたがうまくいかず、行き詰まり感を感じていた。

　2014年、米国で見たCfAの活動から「Codingでより良い政府を作る」ことを学んだことが、その後の人生を変え

た。シビックテックが、市民や行政とともに活き活きと課題を解決する姿を目の当たりにしたのだ。

　例えば、CfAのブリゲイドが消火栓マップを作成する際に、「雪かきすれば消火栓に自分で名前を付けられる」として、市民が社会活動に積極的に参加するモチベーションを高める工夫がなされているのを参考に、日本でも可能であると2014年からCfJの活動を始めた。

　日本でも、行政とシビックテックが連携する事例は増えつつあるが、その活動が地域エコシステムに取り入れられるには、種々の課題や障壁（ハザード）があるという。関氏が挙げるハザードを以下に記す。

ハザード（1）　財政問題とマーケット創出

「活動資金の調達に腐心するCfJも、企業からの寄付や補助金だけでなく、自ら市場開拓をする必要に迫られている。その1つはGov Tech市場である。国や地方自治体のIT投資額が大きく、さらにITを活用した事業も年々拡大している。Gov Tech市場が成長すると、ベンチャーキャピタルの参入や資金調達が変わってくる」と予測し、シビックテック自らのマーケット創出努力も必須である。

ハザード（2）　「翻訳者（トランスレーター）」の不在

　地域課題をともに解決するにあたって、行政とシビックテックコミュニティをつなぐ翻訳者がいないことがある。すなわち、市民エンジニアを市民参画協働活動の構成員として見る視点が欠如している。

　自治体側から見ると、次のような声が聞こえてきそうである。

　（自治体にアプローチを仕掛けてくる）「あのITエンジニアは何者？」

「何が目的？」（仕事が欲しいの？）など

　各地域のシビックテックは、これまでの業績を見せて説明しても、「業者と何が異なるのか」となかなか理解を示さない。

　この状況に対して「米国の行政には専門のオーガナイザーがいる。シカゴでは技術者ではないが、テック側と行政や市民側との間に立って両者を橋渡しする『翻訳者（市が雇用）がいる』。このようなトランスレーターや中間支援組織が必要」と述べている。

　日本では、地域と市民をつなぐ活動を後方から支援するCfJのような「中間支援団体」は、ほとんどないのが現状である。

ハザード（3）　横展開意識の欠落

「日本の自治体の調達は、オープンソースの活用の遅れと、作ったモノを公開することの遅れがある」。つまり、オープンソースや汎用技術を活用した調達ではない。また、当該自治体用に「特注（カスタマイズ）」したモノを共有したり、ソースコードを公開したりする意識に欠けている点を指摘する。

　原因として、行政側に仕様書を書ける人材がいないこと、常に最新情報を理解し活用できる専門家がいないこともあるが、最先端の職員を常駐させる必要はない。

　例外的には、会津若松市や松江市のように、高いスキルを持った自治体職員がいる場合は、共創しやすい環境にあるという。

　自治体でアジャイル開発を進めるには、「信頼関係の構築が第1であり、提案公募においても、営業だけでなく開発側のリーダーが説明することにより、業務に対する姿勢と意欲を見せることが重要」であり、受託後は、より良いサービスとするための自治体と受託者との「知恵の合わせ

方が必要」と述べる。

この点について、NPO法人コミュニティリンク代表の榊原貴倫氏は、「自治体での調達の変化は、さまざまな地域に現れ始めている。自治体側と住民を結んで課題解決するのはベンダーの領域でなく、地域に密着したシビックテックが得意とする」と話す。

また、「個々の地域はそれぞれ異なるので、全国向けのひな型を地域色にアレンジするのではなく、地域の特色を踏まえたうえでソリューションを生み出すことはベンダーでは難しい。地域との密着力の強さがシビックテックの強みであり、活躍できる領域がある」と述べ、調達する業務内容そのものの変化が、実質的に新たな調達先の変化の可能性を広げいていると示唆する。

一方、業者に「丸投げ」ではなく「ともに作る」姿勢を持つ行政職員をどう確保するかも行政側の課題でもある。「外部人材（シビックテック等）の起用と行政職員の育成が不可欠」と述べ、IT人材の流動性の向上を期待する。

アジャイル開発を広めるには、モジュール型の分割発注と、汎用技術の採用によるベンダーロックインされない仕組の構築も必要である。

ハザード（4）　オープンデータの課題

シビックテックが地域課題を解決する活動を進める際にぶつかる課題が、データの活用である。すなわち、自治体では、「とりあえずオープンデータを公開しているが、何を解決するかの視点が欠けているために、データ活用が進まない。また、オープンであるがゆえにデータがどう使われたのかをフォローできない。そのため、時間と労力をかける必要性が自治体側に強く感じられない」

「『ともに考える』流れは少しずつ始まっているので、『ともに作る』ために市民や行政を『つなぐ』ことをさらに推進させる必要であり、シビックテックもシステムデザイン

思考が必要な時代に来ている」と述べて、シビックテック
のエコシステムをどう構築するかを模索している。

ハザード（5）　フェローシップ終了後のキャリアアップの機会

　CfJでの活動は基本的にボランティアであり、メンバー
は他に仕事を持ちながら、あるいは企業から派遣されて活
動している。

　例えば、コーポレートフェローシップで自治体に入って
も、全力でコミットできなかったり、終了しても起業する
ことなく所属していた企業に戻ったりするのが現状である。

　米国と比べて日本の行政は、非効率はあるかもしれない
が多様性があり、サービスも行き届いている。したがって、
米国の例のように「アプリ作れば解決！」というケースは
日本には少なく、簡単に解決できる課題は米国ほど多くな
いかもしれない。そのために、コミットも難しいかもしれ
ない。

　関氏は、CfJの各ブリゲイドの次のステップの参考例は、
シカゴ市にあるという。

「Smart Chicago」で有名なシカゴ市のシビックテックは、
市政府との連携が密で理想的である。例えば、Civic Hack
Nightが毎週開催され、市関係者が提案作成中の新たな政
策に政策検討段階からシビックテックが参加し、意見を述
べて案に改良が加えられる。

　すなわち、市の政策形成プロセスに、市民および民間の
力やIoTを取り入れて、市民へのエンパワーメントと地域
による工夫を引き出すことができる。

　これまで、一部の元気な市民だけしか関われなかった地
域活動が、テクノロジーの恩恵により、紙ベースから電子
ベースで多くの人が関わることができるようになった。自
治体側も地域の変化を感じ取って、市民が参画できる環境
作りを展開している。

コーポレートフェローシップによる自治体への派遣活動は、少しずつ広がりつつある。

「シビックテックの活動が、米国のCfAのようにその人のキャリアアップにつながるような制度設計も必要」と述べる。以上を実現するためには、シビックテックが自治体に寄り添って、ともに考えて知恵を合わせることで可能となる（第4章の図4-2「CfAのコーポレートフェローシップの業務フロー」参照）。

【注08】Civic Tech Issue Finder（http://civicissues.codeforamerica.org/geeks/civicissues）

＜Column⑥＞　Citizen Science（市民科学）－市民による民主的なデータをオープンに－

2011年3月に東日本大震災で被災した福島原発の放射能汚染対策は、6年を経過する今も廃炉作業と汚染除去の作業とが現地で続けられている。除染は少しずつ進んでも、風評被害や陰湿ないじめなど、社会的影響は今もなお福島県民を苦しめている。

東日本大震災の発生直後から、汚染量を計測し発表する取り組みは、政府や専門機関や大学等により数多く行われ公開されたが、震災から6年以上経った今もデータを公開し続けないとデマや噂を払拭できない厳しい状況にある。また、住民自身も確かな線量情報を求めている。福島県を通る東北自動車道沿いには、線量を示す電光掲示板があり、ドライバーに情報提供している。

この状況の下、シビックテック有志がボランティアベースで放射線センサーを制作して線量を計測し、データを公開した。それがSafecastである。センサーおよびハードウェアはオープンで制作し、ソフトウェアは、オープンソー

210 ▶▶▶ Chapter6　シビックテックイノベーションを興すエコシステムとは

スコミュニティでシェアしている。

Safecastの活動は、原子力開発機構（IAEA）でも発表されている【注09】。

会津若松市を拠点にITを駆使したもの作りを発信し続ける、（株）Eyes Japanの山寺純氏に、Safecastの活動に企業家として参加した際の状況を聞いた。

「市民やNPOの自由意思による活動は、社会に貢献できるが、参加者たちの「持ち寄り」ではプロジェクトが進むスピードが遅く、活動の限界点も低くなる」と述べる。参加する企業側も自社の利益を考慮して、得られる知見は自社内に取り込んで占有する傾向があった。また、クラウドソーシングによる資金を募集しても善意にもとづくだけでは、プロジェクトの継続性や発展性に疑問が生じることもあるという。

しかし、「企業がその視点を変えて事業化すると、基本的に無償であるオープンソースに付加機能やメンテナンスを有償で請け負うことにより、プロジェクトを加速するアクセラレーター役として機能し、ビジネス化とプロジェクトの継続性を担保できる」として、企業のCSRに終始せず、ビジネス視点でのプロジェクト参画を促している。

企業家の参加による社会起業化のプロセスは、地域課題を解決するエコシステムを構成する要素の1つであるといえよう。

一方で、市民によるデータの計測と蓄積については、「市民の意思で民主的に収集され蓄積されるデータは、政府や専門機関が観測し公開するデータとは異なり、市民に身近な実測値が蓄積される。市民は提供される計測値にもとづいて安全の判断をするのではなく、中立であるべき」と、市民自らが行動して放射線量の事実を知り、自己の安全を守る意識を高めることの重要性を強調する。その一例として、相馬市の郵便局職員の自転車にセンサーを搭載して、

配達業務中に計測ができる工夫を施すなど、市民による放射線量のオープンデータが日々更新されている。

　これは、「市民科学（Citizen Science）」と呼ばれ、市民天文学者や鳥類研究者のように、在野の専門家による市民目線からの研究による科学への貢献をさし、大学・専門研究機関の学者によるプロサイエンスに対峙する言葉である。市民科学はWEBやSNSの浸透により、より自発的な参加者による発展を続けている。市民自らがセンサーとなって客観的で独立性の高いデータを計測・シェアすることにより、わがコトとみんなのコトとをつなぐ「新公民」の活動を支援するのである。市民科学の発展にシビックテックの参画が期待される。あわせて、何が真実であり、どのように解決しなければならないのかについて、市民が読み解き判断する力を持つことも重要である。

　行政だけが発するのがオープンデータではない時代が来ているのである。

【注09】参考HP
（http://politas.jp/features/4/article/354/　http://www.slideshare.net/safecast/safecast-report-2016-final01print）

Chapter 7

Public & Civic Tech
Partnershipの実現に向けて

7-0

第7章の冒頭にあたって
ーエコシステムの必要条件ー

本章では、シビックテックイノベーションが社会エコシステムとなるための「Public & Civic Tech Partnership」を提案する。最後に、シビックテックイノベーションをめぐる今後の10年を予測する。

　ラトガース大学のベンジャミン・バーバー教授は、「国民国家の時代が終わり、都市は地球規模の課題について行動しなくてはならない時代が来た」と、都市の活動（方策）が地域だけでなく、地球全体の課題解決の重要な要素となる時代が21世紀であると述べている【注01】。

　今日の社会や地域課題は、政府（国・地方）だけで解決できるものではなく、また、シビックテックだけで解決できるものでもない。市民サービスの向上のためのイノベーションを興すためには、多様な市民・企業・団体の集合知が必要である。

　世界のトレンドを見ても、行政がフルセットで市民サービスを提供する時代ではなく、市民自らが知恵を合わせて問題を解決する方向性は年々拡大している。わが国でもシビックテックが自治体と協業するスタイルは、Code for Japan（CfJ）や各地のシビックテックにより進みつつあるが、その活動が拡大し、地域経済を支えるエコシステムとなるまでには、さまざまな課題をクリアする必要がある。

　地域社会の課題について、市民がどのように対応し、解決には何が必要であるのか。本章では、いくつかの手法とアイデアについて、欧米の市民と行政の参加ツールにIoT

214 ▶▶▶ Chapter7　Public & Civic Tech Partnership の実現に向けて

を使って取り組んでいる英国のポリシーラボを例に、市民
参画エコシステム構築のモデルを考察する（なお、紙面の
都合上割愛するが、米国にも18Fという組織の活動も参照
されたい）。

【注01】Benjamin Barber, Rutgers Univ., Professor of emeritus political
science, 17p, Local Government Chronicle, Jan. 2017

7-1
政策形成内容とプロセスのイノベーション

近年、行政が政策を立案する過程にデザイン的思考が採り入れられている。本節では、英国のポリシーラボを先進事例に、行政における政策形成過程のイノベーション手法について紹介する。

　政策形成過程に市民が参画してよりイノベーティブな市民サービスが創出されている。その鍵を3つのD（3Ds）とする国が、英国である。

　「はじめに」で触れた英国の「Policy Lab（ポリシーラボ、以下、PL)」【注02】は、政府の政策形成が機能不全となる中で、開かれた政策形成を進める仕組みとして設置され、実効性を発揮している組織である。

　2014年に内閣府に設置されたPLは、市民サービスを見直す過程をよりオープンにするためのデータサイエンティストやデータデザイナーなどITスペシャリストから構成される少人数の集団であるが、これまでに5000人を超える行政職員とコラボレーションをして、政策形成のイノベーションを実現した実績を持つ。

　政策形成に必須である3つの要素（データ、デジタル、デザインの3Ds）をバランス良くかけ合わせることでイノベーションを興す仕組みを創出している（図7-1）。3Dsを要素とする理由は次のとおりである。

　デザインはコスト性に優れ、革新的なアイデアを生み、市民中心のサービスを創出し、複雑な問題に取り組むことができる。

　データサイエンスは、既存の管理データや調査データだ

図7-1　ポリシーラボによる政策形成の3つのD（3Ds）（ホームページを参考に筆者作成。https://www.slideshare.net/Openpolicymaking/policy-lab-slide-share-introduction-final?next_slideshow=1）

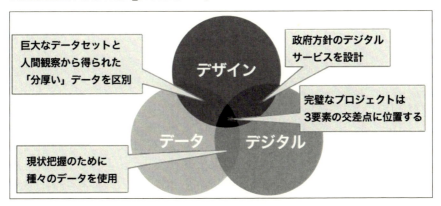

けでなく、最近のソーシャルメディアやデジタルデータも含めた分析が可能である。そのアルゴリズム（計算方法）は、人間をはるかにしのぐ分析が可能であり、予測し得なかった発見や新たな洞察を示唆してくれる。

デジタルは、より多くの人に届きやすく理解してもらいやすい利点があり、さらには、より効率的で市民誰もがアクセスしやすく、各人のニーズに合ったサービスを提供できる。

3Dsのメリットを踏まえて、PLの活動は「対話⇒発見⇒開発⇒展開」のプロセスを経て実現される。そのプロセスにおいては、3つのレベルのインパクトがあるとする。小さいほうから記すと、以下のとおりである。

(1) 実効性あるプロジェクトを通じて、課題を解決する政策が新たに展開されるインパクト
(2) 施策の実効性の改善を通じて、新たなスキルや知見やツールが生まれるインパクト
(3) PLの実証を通じて、新たな考え方や政策のイノベー

ションが（社会に）ひらめきを与えるインパクト

　Data. Gov. UKにあるOpen Policy Making Tool Kitで
は、市民が問題を発見し、課題を設定し、現状を分析し、
解決手法を探し出す、これらの過程においてどのように協
議を進めていくか、どの視点から問題を分析するか、どん
なツールを使うか、参考事例、などを詳細に分類・整理し
て提示している。このチュートリアルに従って進めていけ
ば、初心者でも活動しやすいように工夫されている。PL
は、IoT社会の共創ツールである。そして、そのサイトや
アプリやWEBサービスの構築と、データの整理と活用、ビ
ジュアライゼーションのデザインなど、専門家を必要とす
る場合は、登録済みのシビックテックの支援を（有償また
は無償で）受けることもできる。
　3Dsのいずれのフィールドにもシビックテックが関わっ
ており、市民が作るプロトタイピングは社会のエコシステ
ムとして活用されている。PLによるワークショップを通
じた成功事例の1つとして、警察への問い合わせをオンラ
インで改善するプロトタイピングを作成した例がある【注
03】。
　月間50万人の訪問者と250万回におよぶ101番（日本の
110番に該当）コールがある英国の警察に対して、市民が
犯罪や被害通報を効率的に報告できるようオンラインシス
テムを試行したことにより、警官の労働時間を18万時間／
年、コストを370万ユーロ（約4.8億円）の削減効果がある
と試算した。削減できる時間とコストを、他の警察業務に
展開できる計画も検討されるなど、PLによるイノベーショ
ンの可能性が広く周知された【注04】。

───────────────────────────────

【注02】Policy Lab（https://openpolicy.blog.gov.uk/category/policy-lab/）
【注03】Policy Lab's digitisation workshop（https://openpolicy.blog.gov.
uk/2014/07/29/policy-labs-digitisation-workshop/）

【注04】
https://www.gov.uk/government/speeches/home-secretary-at-the-interna
tional-crime-policing-conference

7-2

Public & Civic Tech Partnership
－コーポレートフェローシップ制度・条件の整備－

企業と行政とが協働で住民サービス向上に取り組む「Public &
Private Partnership（公民連携）」を参考に、シビックテック
と行政とが協働するPublic & Civic Tech Partnershipを提
案する。

　地方政府のサービスを市民中心目線のそれに変えるため
には、行政とは異なる視点からの評価が必要である。例え
ば、自治体の電子サービスの評価などは一例であるが、サー
ビスを受ける市民側からの評価は少ないのが現状である。

　行政によるITを活用した市民サービスは、自治体側の
ニーズとシビックテック側のシーズとが欠けていると成立
せず、市民と行政との間にギャップが生じる。そのギャッ
プを埋めるためには、シビックテックが自治体の中へ入り
込んで電子行政サービスを評価し、改善点についてともに
考えることが最も効果的である。

　第3章で紹介したCfJのコーポレートフェローシップは
画期的な取り組みではあるが、CfAのように自治体に派遣
される期間が1〜3年という長期間ではなく、3か月程度と
短く、しかもフルタイムではない。しかも、現在の日本の
公務員制度では「研修」扱いであり、本格的に活動する環
境にはほど遠いなど、フェローの副次的効果が十分発揮で
きていない現状がある。

　短い時間で効果を出すことは難しいが、あらかじめフェ
ローシップの役割と分野について、ジャンルを整理して、
フェローの実績と改善度合いが評価しやすいように可視化

220 ▶▶▶ Chapter7　Public & Civic Tech Partnershipの実現に向けて

することが積極的な登用につながる。

　次に、第4章で紹介したCfAのコーポレートフェローが、自治体への派遣期間が終了した後、自治体向けにITを活用した新たなビジネスや市民サービスを新たに立ち上げたCivicLight社のように、シビックテックがプロフェッショナルとして新たなマーケットを生み出すためには、ビジネスとして開拓しやすい環境を整備することが必要である。

　換言すれば、シビックテック活動による成果に対して、自治体が評価し対価を支払うことで、ボランティアでは実現できない確実性と信頼性を担保できる環境が理想である。

　欧米諸国などで始まっている「ギグ・エコノミー（Gig Economy）」と呼ばれるネットを通じた短期（単発）の請負仕事が日本のビジネスにも拡大すると、よりいっそうエンジニアリングのレベルを評価し、その能力を提示する要請が高まってくる。しかし、それは反面、エンジニアの「値踏み」にもつながり、ひいては人材の消耗戦に陥ることになりかねない。IT技能に関する国家または民間資格は多く存在するが、今後はe-リーダーシップのように技能だけでなく、企画調整力や提案実施力を持つことがビジネスで生き残るために求められる。ITエンジニアの業務を、量・質ともに客観的に評価することが必要な時代が迫ってきている。その基準は、シビックテックの評価制度とも重なるかもしれない。

　コーポレートフェローシップやブリゲイド、STIR、Civic Bridge、Super Publicなど、社会貢献活動をした実績によりその能力が証明され、客観的な基準となることも考えられよう。

　そう遠くない将来、労働環境の整備とシビックテックの組織化による労働環境の改善のうねりが広がり、2025年頃には社会課題として議論されることになるだろう。

　社会に認識が広まってくるにつれて「シビックテックは地域のエコシステムの担い手となり得る」ことを自治体が

意識するようになるには、ブリゲイド（CfJ以外のいい方をするのであれば、地域のITエンジニアグループ）は、自治体と信頼関係を築き、連携体制を確立することが不可欠である。

一方、自治体側は、そのグループと連携できるかを検討し、エンパワーする可能性を模索することが求められる。これは、「新公民」となる可能性を秘めた地域のIT人材の登用であり、地域活性化の環境作りである。国や自治体は、シビックテックと連携することは、市民活動を先導する「コミュニティオーガナイザー」を増やすという「地域人材育成策」と認識して、広くチャンネルを開放していただきたい。

日本においても近年、公民連携による企業と自治体との協業がPPP（Public Private Partnership）として進められているが、今後はコーポレートフェローシップを先導的かつ積極的に活用する場として、「Public & Civic Tech Partnership」とでも呼ぶべきシビックイノベーションを自治体や企業が受け入れる枠組み作りが必要である。

Japan National Advisory Boardは、The Social Impact Investment Landscape in Japan（2014）において、社会資本投資の成長性について示唆している。すなわち、社会資本投資の市場規模は2億4700万7000ドルと推計し、これまで日本のソーシャルサービスは、国や地方政府により実施されてきた。しかし、非営利団体や社会起業家の出現により変化が現れているとしている。

これらの流れをさらに進めて、地域の特性に合わせながらも、より広域で普遍的に活用できるテクノロジーにフォーカスした地域経済振興策が求められる。

東京大学公共政策大学院の奥村裕一客員教授は、「シビックテックは、社会起業家（Social Entrepreneur）の1つである。広く社会公共のサービス向上をめざすものと、居住する自治体のサービス向上をめざすものがあり、それをシ

ビックテック自ら取り組むまたは自治体や諸団体といっしょになって取り組むことにより、地域のエコシステムの要素として社会にビルトインされていく。その際にバイパーチザン（党派を超えた政治的中立）性をいかに保つかが課題」と述べている。

　以上を踏まえると、行政がサービス向上のためにコーポレートフェローを登用し、その業績が客観的に評価できる制度としての「Public & Civic Tech Partnership」の整備が必要となる。

7-3

公開データやAPIの標準化
ーオープン・シティ・プラットフォームー

公開されるデータやソースを誰もが利用できるには、共通語彙
基盤や文字情報基盤のように、データに用いる文字や用語の意
味・構造を統一し、分野を超えたデータ検索やシステム連携強
化ができる利用環境の整備を必要とする。

　従来、一自治体がITシステム投資をする際には、その自
治体専用に高額でカスタマイズされた「オーダーメイド」
で作る場合が多く、しかも他の地域には適用しにくかった。
これに対して、オープンソースのように、基本部分やデー
タ形式の標準化により、異なるシステムであっても相互互
換性が高ければ、他都市や他国がシェアし横展開できる可
能性が広がる。公開されたソースやデータを使ってプロト
タイピングできることは、企業や起業家にとってプロダク
ション化やスケール化など市場性のある事業となるだけで
なく、組織や職種を超えてチャレンジやコラボレーション
できる機会となる。この意味で標準化の動きは、シビック
テック成長のための「培養土」でもあるといえる。

　標準化の一例を挙げると、BLDS（Building and Land
Development Specification：建築許可データ）【注05】や、
Google社などが開発したGTFS（General Transit Feed
Specification）などがある（表7-1）。

　GTFSは、市営交通事業管理者などの公共交通機関が提
供する仕様であり、地理的情報や時刻表などに使用される
共通形式が定義されている。乗換案内アプリを作成するこ
とができるだけでなく、サードパーティのデベロッパーも

224 ▶▶▶ Chapter7　Public & Civic Tech Partnership の実現に向けて

表7-1　公開データ標準化の例（筆者作成）

名称	内容	利用用途例
GTFS	交通事業者のためのデータ形式	都営交通乗換
BLDS	建物と土地開発仕様データ等	建築許可マップ等
OASC	スマートシティ用のオープンソース	欧州共通規格

参加して相互運用できるため、市民や旅行者が使いやすい多様なアプリを選択することができる。

　自治体が公開する建築許可などのデータは、許可状況や場所が一般市民にはわかりにくく、情報収集にエネルギーを要する。しかし、BLDSによりデータを取りまとめて可視化し、建築業者だけでなく近隣住民への情報提供もできる点は有用である。業務の効率性を向上させる視点からも、今後一自治体だけでなく、複数の自治体間に共通形式で共用されることが望まれる。

　このようなオープン・シティ・プラットフォームともいえる基盤は、1つの地域だけで実現するよりも、広域的に取り組んだほうが効果的な場合に有効である。加えて、グローバル市場となるビジネス展開の可能性を持つとともに、地域に雇用を生み出すことができる。この考えにもとづきヨーロッパでは、複数の都市におけるAPIやデータの相互活用のために標準化の取り組みが始まっている。

　その1つが、Open & Agile Smart Cities（OASC）であり、スマートシティ用のオープンソースや相互互換性、データの標準化基盤作りに複数の自治体が連携し始めている。2017年6月末現在、欧州を中心に23か国100以上の自治体が参加している【注06】。

　＜Column④＞で紹介したバルセロナ市のオープン・シティOSであるSentiloは、バルセロナ市で生まれ、カタルーニャ州からスペイン国内へ、さらにはヨーロッパやドバイ国やエジプトのカイロ市など中東地域にも活用が拡大しており、標準の1つとなっている。

225

地域や国境を超えたスマートシティ標準化の流れは、シェアリング社会をめざす地域や自治体にとって、自己のエコシステムを効率的に確立するのに見逃してはならない視点である。

　わが国でも、VLED（一般社団法人オープン＆ビッグデータ活用・地方創生推進機構）では、API標準化の取り組みについての勉強会を2016年度より始めている【注07】。

　今後社会のデータ活用が進むほど、さまざまな分野での標準化整備が必要となってくるため、国や自治体の早急な枠組み作りが求められる。

　この動きを先行して実施しているのが、北九州市周辺自治体で構成・活動しているG-mottyである。産学官から構成される地域情報発信ポータルサイトであるG-mottyは、6自治体（北九州市、直方市、行橋市、香春町、苅田町、鞍手町）で作るGIS活用部会（地域GIO会議）を設けて、各自治体が保有する地理情報を集約し、地理情報の高度利用や費用軽減をめざすためのGISシステムの協同調達や行政データの共同利用を行っている。また、地域の市民グループ（Goose Lock'R）と、自治体自らが共通基盤とルールを決めて連携して活動することは、公開データの標準化に資するオープンプラットフォームの1つである。複数の自治体担当者たちが市民サービス向上と業務改善をめざして共創するスタイルは、ミッションを推進する自治体職員版シビックテックといえよう【注08】。

【注05】 BLDS（http://permitdata.org/）

【注06】 OASC（http://www.oascities.org/list-of-cities/）

【注07】 VLED
（http://www.vled.or.jp/committee/utilization/managementreview/documents.php）

【注08】 G-motty（http://www.g-motty.net/menu/）

7-4
自治体における調達の改革

＜Column①＞で紹介した「Shinsai info」では、浪江町の被災者への情報提供を第1に調達が弾力的に運用されたが、本節では、Gov Tech分野の進展と自治体の調達のあり方とについて述べる。

　　シビックテックがボランティアレベルで自治体や地域社会に貢献することは、地域活性化の点で好ましいが、実際に課題を解決するためにはかかるコストまでも負担できるものではない。したがって、プロフェッショナルとして作業するためには、企業レベルと同じ業務遂行能力が当然求められる。それは業務内容だけでなく、調達プロセスにおいても同様である。

　地方自治法は、自治体の調達は、共創性、透明性、経済性に優れた一般競争入札を原則としつつも、一定の場合には、指名競争入札、随意契約による方法により契約締結を認めている【注09】。さらに、地方自治施行令では、一定の場合として地域要件（事業所所在地）や地域貢献の実績を評価の対象としたりするなど、地元企業（特に中小企業）の受注機会の確保を図ることを推奨している【注10】。しかし、現実には地元中小企業は、大企業の圧倒的な営業力や実績の下に参入は容易ではない。

　　このような状況下においても浪江町でのプロジェクトは、シビックテックが調達において新たな流れを作った。東日本大震災により被災し離散した住民を支援するために実施された、タブレット端末により被災者支援情報を提供するプロジェクト（＜Column①＞参照）は、町民主体のデザ

227

インを実現するだけでなく、中小IT企業でも自治体の契約を勝ち取ることができることを証明した。

公共の入札は競争入札が原則であり、仕様書にもとづいて事業の詳細をすべて記すフルセット型が基本である。業務の内容を明確にすることで、履行の状況を把握できる。

一方、IT業界の標準ともなっている「アジャイル開発」は、状況に応じて「現場合わせ」で完成度を高めていく手法であるが、業務の内容詳細が契約時点で確定しないことは自治体の調達になじまない、とこれまで考えられていた。

しかし、域外に住む浪江町の被災者の方々に、支援情報と故郷の息吹きを確実に届けることが最重要である。ユーザー中心の視点から弾力的に対応できるメリットを持ち、災害現場で前例のないことを速やかに展開するうえで、アジャイル開発は有効な手法であった。

この点につきCfJ代表の関氏は、「浪江町でのアジャイル開発がうまくいったのは、災害直後の急を要する時期ではあったが、仕様に幅を持たせる準委託契約的なマネジメントを認めてくれた点が大きい」と述べ、浪江町の判断を高く評価する。

これが可能となったのは、シビックテックが浪江町との信頼関係を作ったことと、何よりも被災者に情報を届けようとする両者の想いが「ともに作る」ことを可能にしたことによる。

シビックテックが、災害時の自治体の被災者支援に現地でのアジャイル開発が有効だったことを被災地で証明した意義は大きく、今後災害時の調達のあり方が改善されることが期待される。

人口減少社会にあるわが国で同様のことは、未来の被災地でも高い確率で生じると予想されるため、事前に弾力的で周到な方策を準備することが求められる。

参考事例として、米国ボストン市において、28ページにもおよぶ公立学校の選択案内書に対して、CfAがサイトを

作ったことを機に調達改革を進んだ例もあるなど、シビッ
クテックが変革に関わる行政調達の例は多い【注11】。
　一歩考えを進めて、シビックテックと各自治体は、平常
時から災害発生時にいたるまで、支援および受援計画の中
に「災害時の弾力的な現場対応業務」を調達制度にも組み
入れることを検討できないだろうか。

【注09】総務省「地方公共団体の入札・契約制度」
http://www.soumu.go.jp/main_sosiki/jichi_gyousei/bunken/14569.html
【注10】「官公需についての中小企業者の受注の確保に関する法律」
http://law.e-gov.go.jp/htmldata/S41/S41HO097.html
【注11】Procurement under Trump
（https://medium.com/code-for-america/procurement-under-trump-\vski
p\baselineskipd7c924342d21）

7-5
シビックテック次の10年

総務省では、個人の健康状態や購買履歴などの情報を、企業が一括管理できる制度の検討が進められているが、情報蓄積および流通の制度が整備されたとき、社会はどのように変わるかを考察する。

　本稿を閉じるにあたり、これまで紹介したシビックテックの現状を踏まえて、今後10年間で、日本のシビックテックがイノベーションを興す社会エコシステムとして発展し組み込まれていくロードマップを予測してみた。

　なお、予測は、CfAの活動経緯や米国社会での浸透状況を踏まえた、あくまでも筆者個人の非科学的な予測であることをあらかじめお断りしておく。背景には、官民のデータ活用が進み、個人情報が匿名加工された情報として流通が進むことを仮定している。

　国では、官民データ活用の推奨、そのための制度やデータ蓄積・公開の推進、システムなど環境整備が進む。データの利活用が進むと、データ自体をセキュアなデータとして証明し、安心して使える利活用システムが本格稼働する。システム構築と並行して情報信託銀行制度の設立が検討され、国民の資産としてデータ利用プラットフォームが整備される。

　自治体では、フェロー受入事例増加、データ蓄積・公開が進み、協業の成果事例が頻発する。フェロー受入制度化と成功事例の増加、効率的なIT経営のための外部人材登用が一般化し、シビックテックが期限付き任用職員として採用され、労働力の流動性が高まる。また、自治体にIT経

230 ▶▶▶ Chapter7　Public & Civic Tech Partnership の実現に向けて

営幹部職（CDO：Chief Data Officer 等）の設置が一般化する。この結果、データを整備し利活用する自治体間で、成功事例の共有化が伸展する。

　市民活動では、ITやデータの活用が伸展、地域は実証の場としての認識が進む。さらにシビックテックと地域とを結ぶ中間支援団体の活動が活発化、ビジネス化が進む。さらには、多様な地域活動の解決に導く役割を持つコミュニティオーガナイザーが市民ビジネスとして成長し、学生や若者の活躍場所として地域社会に認識される。

　企業では、自治体への社員派遣が定常化、自治体・地域との持続発展可能な協業事例が増加し、ビジネス化の検討が進む。自治体へのITと地域支援ビジネスが拡大、官民のさまざまなデータが整備されたデータマーケットが充実する。医療・介護・福祉分野などでデータを活用した地域支援ビジネスやGov Tech（ITを活用した公共サービス）ビジネスが本格化する。

　そして、仮想通貨の基盤技術となるブロックチェーン技術のように、データの改ざんを防ぎ、信憑性を担保する情報信託ビジネスが不可欠となる。

　これらの技術をもとに、情報信託銀行制度にもとづくデータマーケットを活用した地域支援ビジネスやGov Tech市場が各地で展開する。

　シビックテックは、いろいろな社会において課題解決に参画し貢献する事例が増加する一方で、自治体へのフェローシップ派遣事例も増え、知見の蓄積と共有化が進む。また、成功した事例や得意とする適応分野が明確化するようになる。さらに、コーポレートフェロー派遣制度が確立されるだけでなく、派遣終了後に所属する企業を離れて、新たにコミュニティオーガナイザーをめざすシビックテックが輩出するようになる。その一方で、派遣されるフェローの労働環境の改善が課題になってくる。社会においては、情報信託銀行制度の利活用による高度な課題解決が実

231

現できるようになるにつれて、シビックテックの労働環境の改善が徐々に進む。その結果、公共分野のスタートアップが増加する。また、2020年から学校でプログラミング教育を受けた新世代のシビックテックが、各方面で活躍し始め、広くシビックテックが社会に認識され、エコシステムとしてビルトインされるようになる（表7-2）。

表7-2の展開予測ロードマップは、米国のシビックテックがこの1～2年で初期の成長期から成熟期に移行しつつあることを参考にしている。すなわち、2009年にジェニファー・パルカ氏らにより創設されたCfAが、コーポレートフェローを自治体に送り込み、食糧票（第4章で紹介したGetCallFresh）やClear My Recordの解決アプリを複数世に送り出して住民サービスを向上させた。また、自治体のIT経営の効率化が実現したことなどの事例の増加が、シビックテックに対する自治体の「敷居」を低くさせ、協働が進んだ。

その結果、自治体側にもシビックテックと協働する受け入れ体制が整備され、予算措置も講じられるようになった。さらに、フェローを「卒業」したシビックテックは、経験をもとに地域課題解決ビジネスや、自治体ソリューションビジネスを展開する目的で地域にとどまって自治体に就職したり、起業したりするなどのケースも増加している（第4章の図4-2「CfAのコーポレートフェローシップの業務フロー」を参照）。

第4章で紹介したCfAのスローガンも2015年当時と今とを比較すると「進化」が見られ、日本のシビックテックの近未来のロードマップにも参考となる（表7-3）。

一方、企業側から見れば「最後のフロンティア」「外せないマーケット」である自治体のIT経営改革ビジネスは、当初拡大が予想されたが小規模案件が多く、投資家の期待も徐々に低下していった。その結果、CfAは厳しい運営状況にあり、新たな成功事例の輩出が求められているとのこ

表7-2　シビックテックの社会エコシステム展開予測
ロードマップ（筆者作成）

項目	〜2020年	2021年〜2025年	2025年〜2030年
国	官民データ活用推奨、制度やデータ蓄積・公開、システム整備の検討が進む	情報信託銀行制度の試行が始まり、セキュアなデータ利用システム本格稼働、利活用データの蓄積が進む	情報信託銀行制度が確立され、国民の資産としてデータ利用プラットフォームが整備される
自治体	フェロー受入事例増加、ローカルデータ蓄積・公開が進み、協業の成果事例が頻発する	フェロー受入制度化と成功事例の増加、効率的なIT経営のための外部人材登用が一般化（CDO等）	自治体間で成功事例の共有化伸展、自治体にIT経営戦略幹部職の設置が一般化
市民活動	市民活動のIT化、データ蓄積が伸展、地域は実証の場としての認識が進む	シビックテックと地域とを結ぶ中間支援団体の活動が活発化、IT化、データ活用が進む	コミュニティオーガナイザーが市民ビジネスとして成長
企業	自治体への社員派遣が定常化、自治体・地域との持続発展可能な協業事例増加し、ビジネス化の検討が進む	データを活用した医療・介護・福祉分野で自治体へのITと地域支援ビジネスが拡大、データマーケットが充実、Gov Techがビジネス化	情報信託鵜銀行制度にもとづくデータマーケットを活用した地域支援ビジネスやGov Tech市場が各地で本格展開
シビックテック	課題解決事例の増加、自治体へのフェローシップ派遣の増加、成功事例や適応分野が明確化	課題解決事例の蓄積と共有化、フェロー派遣制度の確立、コミュニティオーガナイザーをめざすシビックテックが輩出、一方で労働環境の改善が課題に	情報信託銀行制度の利活用による高度な課題解決が実現、労働環境の改善が徐々に進む、公共分野のスタートアップが増加、新世代のシビックテックが各方面で活躍
教育	各地にプログラミング教室が徐々に開設、社会的な認識が広まる	小中学校でプログラミング教育実施、学校チューター派遣、教育関連ビジネスが本格化	コンピューターサイエンスを含むSTEM教育が必須の基礎技能として学校で浸透

233

表7-3 CfA「21世紀の政府の原則」の変遷比較（CfA へのヒアリングおよび "Captain's Orientation 2016" 等より筆者作成）

2015年	2017年
市民ニーズのためのデザインであること	市民ニーズから始める
誰もが参加しやすいようにすること	誰もが参加しやすいようにする
1人ですべてをやらないこと	小さく始めて継続した改善を行う
データを見つけやすく、使いやすくすること	判断決定にリアルタイム情報を利用する
データを意思決定や改善のために使うこと	データは原則公開
業務のために適正な技術を選ぶこと	適切な人員で部局を構成する
結果を体系化すること	明確な理由の下に購買を決定する

とである（CfA関係者談）。しかし、このような紆余曲折を経ながらも実績は増加し、今日シビックテックは地域にイノベーションを興すエコシステムとして社会に定着している。この動きはトランプ政権になっても変わらない模様である【注12】。

表7-4 あなたが考えるシビックテクノロジーの展開予測ロードマップ

項目	～2020年	2021年～2025年	2025年～2030年
国			
自治体			
市民活動			
企業			
シビックテック			
教育			

　CfA設立の5年後に設立されたCfJや、その他のシビックテックグループも、社会状況は違っても、歩む道が大き

く異なるとは考えにくい。加えて、日本においてもボランティア活動や市民参画活動が盛んになっていることもあわせて考えると、わが国のシビックテックのロードマップも米国のそれと類似するのではないかと考える。

　以上より、読者の方々が、それぞれの立場から予測して議論を深めていただければ幸いである（表7-4）。考察を機に新たなアイデアや議論が出れば幸いである。

【注12】Jenifer Pahlka
（https://medium.com/code-for-america/procurement-under-trump\vskip
\baselineskip-d7c924342d21）

おわりに

　1995年1月17日、6400人を超える犠牲者を出した阪神淡路大震災の当日深夜。神戸市立外国語大学（当時）にあるインターネットサーバールームに集まった数人のエンジニアたちは、懸命の作業をしていた。日本の自治体で初めてのウェブサイトを94年10月に開設した神戸市のホームページの復旧である。未曾有の大規模自然災害が発生した当日深夜、日本でまだほとんど普及していなかった神戸市のホームページは神戸市立外国語大学（当時）内のサーバーにあり、米国をはじめ、世界中から猛烈なアクセスを受けていた。

「私は建築被害状況診断の専門家。家屋被害調査を手伝いたい（米国）」
「私は災害看護の専門家。今後被災者に起きるトラウマ対策ができる（英国）」

など、95年時点、一般的ではなかった、災害対応に関する専門家からの知見にもとづく支援の手がさし伸べられた。
　被災地へのアクセス集中を遠くアメリカから予測したAOL（アメリカンオンライン社、当時）は、被災地である神戸のサーバーにアクセス集中の負荷がかからぬようにと我々に許可を求め、アメリカ本土に複数のミラーサーバーを急遽設置するネットワークボランティアを申し出てくれた。すべてが初めての経験であり、インターネットの破壊力ともいえる並外れた情報伝達力を目の当たりにした。
　1995年当時、日本国内ではほとんど見る人がいないインターネットに被害状況をアップロードしたのは、被災者に情報を届けるためではなく、外部に被災地の現状を訴えるためのSOSであった（図Epi-1）。

236 ▶▶▶ おわりに

図Epi-1　1995年1月18日の神戸市ホームページ

　ボランティア元年といわれ、のべ100万人を超すボランティアが駆けつけたが、受け入れ体制が不十分であり、しかも当時の被災者はネット社会の恩恵を受けることができなかった。しかし、被災地からの情報発信の重要性は、その後の災害情報伝達のモデルとなった。

　日本のある大手のIT企業の社員有志は、社からの命令を受けたわけでもなく、自発的に神戸市のサーバーやネットワークの復旧に不眠不休で対応した。被災地からの映像も当時はデジカメもない時代であったので、映像をパソコン（Mac）に取り込み、画像処理して震災の翌日からウェブに掲載する作業を進んで引き受けてくれた。その画像データをミニバイクで毎日運んでくれる青年もいた（青年は、今

ではりっぱなIT企業の代表取締役社長である)。

　シビックテックの原点は、阪神淡路大震災にある。誰もが被災者であった神戸で、自分の状況を顧みず、被災地からの情報を届けようと奮闘してくれた、多くの「名もなきITエンジニア」の懸命の努力があったからこそ、インターネットが災害時にも大変有効であることを世に知らしめられたのである。時代を超えて、災害発生当時に復旧に携わってくれたすべてのエンジニアやスタッフに、この場をお借りして改めて御礼を申し上げたい。

それから20年以上の時が経った2017年6月…

　CfJ主催による「立ちすくむ国家ワークショップ」が開催された。これは、経済産業省の若手職員が作成した報告書「不安な個人、立ちすくむ国家」に対して、さまざまな人々が熱い議論を交わす場となった。紙面の都合上内容については省略するが、このムーブメントを興したシビックテックがいろいろな人をつなぎ、市民目線で「ともに考え、ともに作る」を「発火」したのである。社会とともに課題を解決しようとする姿勢が、より明確になってきている。

　第1章で紹介した福沢諭吉の「(不満だったら)自分で……試してみたまえ(学問ノススメ)」の言葉は、130年を経て現代のシビックテックたちの心を着実に未来につないでいる。

　今を生きる我々は、この時代の知恵と技術で、より良い市民社会を築いて次代に伝えていこうではないか。我々の子孫のためにも。災害や貧困に苦しむ人々のためにも。

　最後にCfAサンフランシスコ本部の壁にあるメッセージを紹介して本稿を閉じたい。

「Done is better than Perfect. (試みたことは、完璧であることよりも尊いのだ)」

○本稿においてインタビューにご協力いただいた方々（順不同、敬称省略）

Code for America　Monique Baena-Tan

Code for Japan　関治之

Code for Ibaraki　柴田重臣

Code for Kanazawa　福島健一郎

Code for IKOMA　佐藤拓也

NPO法人コミュニティリンク　榊原貴倫

Code for Saga　牛島清豪

OpenStreetMap Foundation　飯田哲

jig.jp　福野泰介

（株）グラグリッド　三澤直加

Eyes Japan　山寺純

Georepublic　東修作

（社）情報支援レスキュー隊　及川卓也

NECソリューションイノベータ（株）　石崎浩太郎

Google合同会社　杉原佳尭

ヤフージャパン（株）　伊東香

CoderDojo Japan　安川要平

東京大学公共政策大学院　奥村裕一

Appallicious　Yo Yoshida

Brian Purchia Communications　Brian Purchia

一般社団法人リンクデータ　下山紗代子

ヨコハマ経済新聞　杉浦裕樹

会津大学　藤井靖史

Code for SAPPORO　川人隆央

Code for TOKYO　矢崎裕一

Code for Tokushima　坂東勇気

CoderDojo明石　東和樹

Civic Wave　鈴木まなみ

Django Girls　榎本真美

奈良先端技術大学院大学　新井イスマイル

特定非営利活動法人リンクト・オープン・データ・イニシアチブ　小林巌生

City and County of San Francisco　Daniel G. Homsey

ほか

著者紹介

松崎 太亮 （まつざき たいすけ）

神戸市企画調整局創造都市推進部ICT創造担当部長。総務省地域情報化アドバイザー。1984年、神戸市入庁。1995年、阪神淡路大震災が発生した翌日より神戸市ウェブサイトで被災状況を発信。2006年、国立教育政策研究所 教育情報ナショナルセンター運営会議委員、2009年、JICA「トルコ国防災教育普及支援プロジェクト」専門調査員、2012年、国会図書館東日本大震災アーカイブ利活用推進WG座長、2012〜14年、武庫川女子大学文学部日本語学科非常勤講師（図書館経営論）。
共著書『3.11 被災地の証言 - 東日本大震災 情報行動調査で検証するデジタル大国・日本の盲点 - 』（2012年、インプレス）ほか。

◎本書スタッフ
アートディレクター/装丁： 岡田 章志＋GY
制作協力： 菊地 聡
デジタル編集： 栗原 翔

●お断り
掲載したURLは2017年9月1日現在のものです。サイトの都合で変更されることがあります。また、電子版ではURLにハイパーリンクを設定していますが、端末やビューアー、リンク先のファイルタイプによっては表示されないことがあります。あらかじめご了承ください。
●本書の内容についてのお問い合わせ先
株式会社インプレスR&D　メール窓口
np-info@impress.co.jp
件名に「『本書名』問い合わせ係」と明記してお送りください。
電話やFAX、郵便でのご質問にはお答えできません。返信までには、しばらくお時間をいただく場合があります。なお、本書の範囲を超えるご質問にはお答えしかねますので、あらかじめご了承ください。
また、本書の内容についてはNextPublishingオフィシャルWebサイトにて情報を公開しております。
http://nextpublishing.jp/

●落丁・乱丁本はお手数ですが、インプレスカスタマーセンターまでお送りください。送料弊社負担
にてお取り替えさせていただきます。但し、古書店で購入されたものについてはお取り替えできません。
■読者の窓口
　インプレスカスタマーセンター
　〒101-0051
　東京都千代田区神田神保町一丁目105番地
　TEL 03-6837-5016／FAX 03-6837-5023
　info@impress.co.jp
■書店／販売店のご注文窓口
　株式会社インプレス受注センター
　TEL 048-449-8040／FAX 048-449-8041

#xtech-books

シビックテックイノベーション
行動する市民エンジニアが社会を変える

2017年10月6日　初版発行Ver.1.0（PDF版）

著　者　松崎 太亮
編集人　錦戸 陽子
発行人　井芹 昌信
発　行　株式会社インプレスR&D
　　　　〒101-0051
　　　　東京都千代田区神田神保町一丁目105番地
　　　　http://nextpublishing.jp/
発　売　株式会社インプレス
　　　　〒101-0051　東京都千代田区神田神保町一丁目105番地

●本書は著作権法上の保護を受けています。本書の一部あるいは全部について株式会社
インプレスR&Dから文書による許諾を得ずに、いかなる方法においても無断で複写、複
製することは禁じられています。

©2017 Taisuke Matsuzaki. All rights reserved.
印刷・製本　京葉流通倉庫株式会社
Printed in Japan

ISBN978-4-8443-9799-1

 NextPublishing®
●本書はNextPublishingメソッドによって発行されています。
NextPublishingメソッドは株式会社インプレスR&Dが開発した、電子書籍と印刷書籍を同時発行できる
デジタルファースト型の新出版方式です。http://nextpublishing.jp/